本书得到国家自然科学基金项目
"汶川地震家园重建和黑色旅游发展背景下居民地方感变化过程与影响机制研究"
（41901175）资助

汶川大地震纪念地

集体记忆与地方建构

STUDY ON COLLECTIVE MEMORY
AND PLACE CONSTRUCTION IN WENCHUAN
EARTHQUAKE MEMORIAL SITE

钱莉莉·著

ZHEJIANG UNIVERSITY PRESS
浙江大学出版社
·杭州·

图书在版编目(CIP)数据

汶川大地震纪念地：集体记忆与地方建构 / 钱莉莉
著. —杭州：浙江大学出版社，2022.8
ISBN 978-7-308-22884-8

Ⅰ.①汶… Ⅱ.①钱… Ⅲ.①地震－文化遗址－汶川
县 Ⅳ.①P315.99

中国版本图书馆 CIP 数据核字(2022)第 138688 号

汶川大地震纪念地：集体记忆与地方建构

钱莉莉　著

责任编辑	陈思佳(chensijia_ruc@163.com)
责任校对	宁　檬
封面设计	雷建军
出版发行	浙江大学出版社
	（杭州市天目山路 148 号　邮政编码 310007）
	（网址:http://www.zjupress.com）
排　　版	浙江时代出版服务有限公司
印　　刷	杭州高腾印务有限公司
开　　本	710mm×1000mm　1/16
印　　张	13.75
字　　数	220 千
版 印 次	2022 年 8 月第 1 版　2022 年 8 月第 1 次印刷
书　　号	ISBN 978-7-308-22884-8
定　　价	68.00 元

前　言

　　在人类漫长的历史中,灾难一直伴随左右。从灾难中吸取教训、铭记历史、防患未然,是一个国家和民族的重要课题。人类很早就开始对灾难进行纪念,如我国古代在祭坛与庙宇的祛灾祈福仪式,灾后立碑刻文以铭记灾难事件,警示后人防灾减灾。现代意义上的灾难纪念出现在第二次世界大战后,诸如美国的越战纪念碑、以色列耶路撒冷犹太大屠杀纪念馆、日本广岛的和平纪念公园、我国的侵华日军南京大屠杀遇难同胞纪念馆等战争纪念地。近年来亦出现自然灾难遗址保护与纪念空间建设工程,如印度尼西亚海啸博物馆、日本阪神大地震纪念馆以及我国台湾九二一地震教育园区、5·12汶川特大地震纪念馆等。无论是人为战争还是自然灾害,围绕这些灾难事件的遗址遗迹、纪念景观、纪念活动是新时期国家和民族文化景观的重要组成。灾难纪念地发挥着铭记灾难、哀悼遇难者、历史教育、科普教育、科学研究等功能。特别是一些国家和民族灾难纪念地,更是记录着国家创伤历史,保存着社会记忆,对于提升集体凝聚力、唤起民族身份认同、坚定国家认同具有重要意义。欧美、日本等非常重视对这些灾难纪念地的活化利用,基于此开展的旅游参观活动每年都吸引成千上万的国内外游客,许多灾难纪念地亦成为名副其实的"旅游地"。

　　2008年爆发的汶川地震是新中国成立以来破坏性最强、波及范围最广、伤亡损失最大的一次自然灾难,灾后留下的遗址遗迹将长期激发人们对生命价值和人文精神的思考。汶川地震遗址及其纪念景观是国家重要的自然和文化遗产,依托于地震遗址、纪念景观、博物馆等开展的黑色旅游蓬勃发展,也成为灾后地方重建、地方恢复的重要举措。然而,汶川地震过去了10多年,如何协调官方、居民、游客等多重利益,更好地保护地震遗址,更好地进行灾难纪念与科普教育,避免陷入旅游开发伦理悖论,构建既有利于国家记忆传承,又有利于个体纪念、受教的地方,成为后地震时代灾难纪念地可持续发展亟待解决的问题。

　　本书以北川老县城地震纪念地为案例,引入灾难纪念、黑色旅游、集体记忆、地方建构等理论，运用定性与定量研究相结合的方法，从官方-民间角度，研究不同利益主体的灾难纪念地集体记忆与地方建构特征，探讨集体记忆与地方建构的互动影响机制，以揭示灾难纪念地这一特殊地方的人地关系。本书遵循"理论分析—案例实证—理论总结"的研究框架，分为三大部分。第一部分是绪论、理论基础与研究进展、研究设计，包括第一、二、三章。第二部分是案例实证研究，包括第四、五、六章，分别从官方、居民、游客视角研究灾难纪念地集体记忆与地方建构。第三部分是研究结论，包含第七、八章，定性比较官方与民间、居民与游客在灾难纪念地的集体记忆特征及地方空间建构方面的差异，综合对比分析以提出北川地震纪念地保护规划、功能建设、展陈设计的对策建议，并进行研究总结。

　　本书得到以下结论：①灾难纪念地以地震遗址、博物馆展陈、纪念仪式等为代表的地方物理存在构成官方集体记忆载体，影响民间（居民、游客）集体记忆与地方建构。②居民对灾难纪念地的访问唤起震前的生活空间、震时和震后的灾难空间，产生复杂的震前、震时、震后记忆，以及一系列正向与负向的情感、观念等，构成复杂的集体记忆。③居民集体记忆包含怀旧记忆、灾难记忆、创伤情感、抗灾记忆、观念启示等维度；地方感侧重于地方认同；地方功能感知包含纪念地、科普地、旅游地、恐惧地等；地方行为意愿包含地方重访与保护意愿。④居民抗灾记忆、怀旧记忆、观念启示等集体记忆正向维度与纪念地、科普地功能感知呈显著正相关关系；纪念地、科普地功能感知与地方保护意愿、重访意愿显著正相关。⑤居民抗灾记忆、怀旧记忆、观念启示等集体记忆正向维度显著影响地方认同，地方认同显著影响地方保护与重访意愿。⑥游客参观灾难纪念地的过程，唤起一手和二手地震记忆，强化了对灾难后果的认知，产生一系列正向与负向的情感、观念，构成复杂的集体记忆，留下难忘的集体记忆空间。⑦游客集体记忆包含灾难记忆、灾难认知、负面情感、抗灾记忆、观念启示等维度；地方感侧重地方满意；地方功能感知包含纪念地、科普地、旅游地、恐惧地等；地方行为意愿包含重访意愿与保护意愿。⑧游客抗灾记忆、灾难认知、观念启示等集体记忆正向维度与纪念地、科普地功能感知显著正相关关系；纪念地功能感知与地方保护意愿、重访意愿显著正相关。⑨游客灾难记忆、抗灾记忆、灾难认知、负面情感、观念启示等集体记忆正、负向维度都对地方满意有显著的积极作用；地方满意显著地积极作用于地方保护与重访意愿。⑩居民、游客对于灾难纪念地的集体记忆、地方感、地方功能感知、地方行为意愿的特征及集体记忆对地方建构的作用机制存在一定差异。

　　总的来说,本书构建了灾难纪念地背景下集体记忆与地方建构的研究框架,重点探讨了民间视角下灾难纪念地集体记忆维度、内容、程度,推动了集体记忆的定量研究及其在国内人文地理学领域的应用;特别关注地震受灾、幸存群体的地方经历与体验,并与普通游客群体灾难纪念地集体记忆、地方建构特征相比较,弥补了灾难事件、灾难地相关群体的实证研究不足;深入挖掘了灾难纪念地这一特殊类型的地方感,发掘了影响地方感的前置因素与过程途径,证实了"集体记忆—地方感—地方行为意愿"模型的有效性,从而丰富了灾难纪念地研究的视角与方法。本书的研究结果对于以北川老县城为代表的地震遗址保护、展示以及灾难纪念地建设与旅游可持续发展具有重要借鉴作用,对于了解汶川地震经历者、幸存者的心理、行为及灾后恢复有一定帮助。

　　衷心感谢南京大学地理与海洋科学学院张捷教授、张宏磊副教授在本书选题、研究框架、实地调研、分析撰写等方面的指导与帮助。感谢郭永锐、颜丙金、郑春晖、陈星、苏醒、孙烨、张滋露等同志在实地调研中给予的帮助与支持。感谢5·12汶川特大地震纪念馆管理中心为本书提供的官方资料与数据,以及参与本书研究的所有被调查者。本书出版得到了国家自然科学基金项目"汶川地震家园重建和黑色旅游发展背景下居民地方感变化过程与影响机制研究"(41901175)资助。

目　录

第一章 绪 论

一、研究背景

(一)灾难纪念地是国家记忆的重要载体

1.公共纪念地作为一种集体记忆的物质形式在世界范围内受到普遍重视

纪念地,即为了留住或唤起记忆的特殊景观,具有物质和精神双重属性(刘滨谊等,2004)。公共纪念地、纪念景观被视为"露天的国家历史博物馆"(齐康,1996),对于保存人类历史记忆,建构当代社会集体记忆,将参与者引向更深的思考,发挥着重要作用(Nora,1989)。纪念地的出现和演化伴随着人类文明进程,无论是纪念集体欢腾,如胜利广场、纪功柱、凯旋门,还是铭记集体创伤,如暴行博物馆、战争纪念碑、遇难者墓地,抑或是纪念历史人物的庙宇、祠堂等,都是古今人类记忆史上的宝贵财富。纪念地作为历史文化遗产在全世界范围内受到重视和保护,基于这些空间的纪念仪式与活动同样有利于保持国家和个人记忆(康纳顿,2000)。因此,无论官方还是民间都重视纪念地、纪念景观的建设,并定期举行仪式活动以铭记对于整个国家和民族有重要意义的日子或事件。

2.灾难遗址及其纪念空间是公共纪念地的重要类型

创伤经历是一个国家和民族的财富,值得记忆和吸取教训。无论是人为战争还是自然灾害,围绕这些灾难事件的遗址、遗迹及其纪念空间、纪念活动是新时期国家和民族纪念地的重要类型(李开然,2005)。第二次世界大战后出现的近代战争纪念地,如美国的越战纪念碑、以色列的耶路撒冷犹太大屠杀纪念馆、日本广岛的和平纪念公园、我国的侵华日军南京大屠杀遇难同胞纪念馆等，对纪念战争牺牲、启发民族意识、培养爱国精神发挥着重要作用。近年来亦出现对突如其来造成大量人员伤亡、经济损失的人为和自然灾难遗址的纪念空间，如美国"9·11"国家纪念园与博物馆、印度尼西亚海啸博物馆、日本阪神大地震纪念馆，其展现灾难的过程和后果，反映抗灾的人道主义精神、面对灾难的反思和应对灾难的集体经验，构成社会共享的集体记忆，成为全人类的重要纪念地。

（二）灾难纪念地反映了人地矛盾复杂关系

1. 灾难纪念地为揭示人与地方负面关系提供了有力素材

人地关系是地理学的研究传统。然而，绝大多数研究关注人与地方之间积极的经历，很少关注消极、矛盾的一面（Manzo，2005）。Relph（1976）认为人与地方的关系并不一定是正向和强烈的，一些存在敬地情结（topophilia），一些存在地方恐惧（topophobia），一些存在正向的地方归属，另一些存在负面和限制。大规模灾害、死亡、痛苦、暴行等相关自然与人为灾难遗址遗迹为揭示人与地方之间负面、矛盾、复杂的关系提供了有力的研究素材。从普通游客视角，灾难纪念地提供了见证国家历史、个人受教、道德规训等功能，参观灾难纪念地有别于普通的观光、休闲旅游，为深入了解个人与地方之间悲伤、恐惧、震惊等负面情感体验提供了丰富案例。从事件亲历者角度，灾难纪念地提供深入了解巨大灾难、痛苦、悲伤情境下幸存者的心理恢复、创伤治愈、纪念哀悼等素材。实践中，灾难事件相关者重返故地的旅行参观活动，诸如退伍军人重返战地、战争纪念地，大屠杀遇难者后裔前往奥斯威辛集中营寻根，灾后移居居民重访故乡等，受到了学界极大关注。

2. 集体记忆是探讨灾难纪念地人地关系的重要视角

集体记忆被认为是与现代性相媲美的概念，是一种从未来转向过去的视角，是近年来西方学术界涌现的奇特文化现象和重要学术话题（Hoelscher & Alderman，2004）。集体记忆与人、空间、时间密切联系。空间、景观、仪式等唤起集体记忆，集体记忆亦构建想象空间，影响真实空间生产，对于地方认同、历史遗址和文化景观保护、地方恢复与重建有着重要作用（Hoelscher & Alderman，2004）。从 20 世纪 90 年代起，国外地理学领域兴起了记忆研究热潮,以国家象征空间与景观(纪念碑、纪念馆等)、城乡空间、纪念仪式、旅游参观等为主要研究对象。纵观灾难纪念地类型与特征,不管是战争冲突、大屠杀、暴行、奴隶贸易等人为灾难纪念地,还是地震、飓风、洪灾等自然灾难纪念地,几乎囊括了承载所有国家、民族负面经历的遗址遗迹、纪念空间类型。灾难纪念地与不同群体之间的关系值得探讨,而集体记忆理论为深入理解这种负面的人地关系提供了有用的视角和理论支撑。

3. 不同群体对灾难纪念地的地方建构是充满挑战的前沿课题

从建构主义角度来看,地方建构不仅是物质层面,更是心理层面(Wright,2009)。一方面,不同群体在地方的经历不同,对灾难事件的记忆、感知与体验不一,建构的地方意象和意涵亦有所不同。另一方面,灾难纪念地作为一种承载国家和民族伤痛经历的集体记忆空间,其空间与景观特质有别于普通大众的休闲与观光空间,其宏大的叙事场景、庄严肃穆的纪念空间,带给参访者的感知、体验和建构的地方感亦大有不同。此外,存在着不同类型的参观者,特别是灾难事件、地方关联群体,包括灾难事件经历者、见证者、受灾者,而实证研究层面对这些灾难关联群体的研究少之又少。因此,灾难纪念地的感知与地方建构是充满挑战的前沿课题,期待更多理论运用及量化实证研究,以揭示不同群体在此方面的差异及其背后的影响因素、机制(Kidron,2013;Light,2017)。

(三)汶川地震遗址保护与纪念地旅游可持续发展面临挑战

1. 汶川地震遗址及其纪念景观是灾后重要的纪念地和旅游地

2008年5月12日爆发的汶川地震是新中国成立以来破坏性最强、波及范围最广、灾害伤亡和损失最大的一次自然灾难,灾后留下的遗址遗迹将长期激发人们对生命的价值、意义和人文精神的思考。震后,四川省保留和建立了东河口地震遗址公园、"5·12"汶川特大地震映秀震中纪念馆、北川老县城地震遗址、"5·12"汉旺地震遗址、什邡穿心店地震遗址。地震遗址、纪念空间一方面在一定程度上缓解了当地居民对于地震灾害的焦虑,成为悼念逝去亲人朋友与寄托哀思的场所,另一方面也是四川省灾后重建开展旅游的重要突破口。以北川老县城地震遗址为例,2010年开放当年接待访客175万余人次,之后访客数量呈现逐年增长的趋势。

2.后地震时代遗址保护、展示及旅游可持续发展面临挑战

"5·12"汶川地震遗址及其纪念景观是国家重要的自然和文化遗产,其中汉旺、东河口、北川老县城、映秀四处地震遗址被完整保留下来,并列为国家级文物保护单位。汶川地震后,基于地震遗址的参观活动与灾后旅游蓬勃发展的同时,地震遗址保护、展示及参观也面临着挑战。一方面,地震遗址时常面对偶发自然灾害如暴雨、洪水等的侵蚀,又承担着每年大量游客的参观压力,使得遗址保护困难重重。另一方面,灾难纪念地旅游天生存在伦理悖论,"5·12"汶川地震遗址是否应该成为参观旅游地也是实践和学界的争议话题(王晓华,2012)。灾难体验、灾难现场还原等过程,某种程度上都是对受难者和幸存者的再次伤害,灾难遗址旅游是一个将饱受灾难创伤的人们的心灵伤口不断揭开的过程。灾难遗址展示需要更多考虑本地居民以及灾难亲历者、幸存者的利益与情感,展陈的内容、形式、方式应该更为严谨和合理。如何更好地保护地震遗址,又能更大限度发挥其教育、科研、纪念等社会价值,而避免陷入旅游开发的伦理悖论,协调官方、居民、游客等多重利益,构建既有利于国家记忆传承,又有利于个体纪念、受教和形成地方认同、地方满意,成为后地震时代遗址地旅游可持续发展亟待解决的难题。

二、研究意义

(一)推进后地震时代遗址保护、纪念地建设与旅游可持续发展

灾难纪念地的确立及基于遗址遗迹的灾后旅游开发往往根据政府官方意图展开,忽视了民间声音,容易陷入地方利益相关者矛盾对立境地,也使得一系列政策制定、景观建设、活动开展缺乏群众基础(Werdler,2014)。特别是基于灾难遗址的参观旅游活动,需要了解当地社区、幸存者的意图,协调好居民与游客之间的关系。深入地方、灾难事件与个体之间复杂的关系,了解居民对于地方的集体记忆、地方感、空间意象,有利于更好地还原历史,保存灾难遗址空间。尊重本地居民的地方记忆、认知、情感、观念,挖掘地震、抗震救灾的地方精神、集体经验,对地震遗址的展陈设计均有十分重要的意义。同时,由于灾难旅游的特殊性,游客与居民关系更为复杂,更容易陷入旅游伦理陷阱。对比居民、游

客对于地震遗址、展陈空间、纪念仪式的感知、态度、行为,寻找其中的差异,为协调主客间矛盾,更合理地开展纪念、旅游活动及优化参观者体验均具有重要借鉴意义。

(二)有助于揭示灾难幸存者心理、行为及灾后恢复

灾后恢复不仅是物理意义上的地方空间、设施、功能的恢复,更是受灾群体心理上的恢复过程,人与地方关系的修复(Whittle et al.,2012)。汶川地震过后至今,地方恢复、异地重建、遗址保护、纪念地建设工作已基本结束,然而受灾居民内心的地方重构、心理恢复如何?从关怀地理的角度,关注地震经历群体及可能存在心理创伤的本地居民,挖掘灾难事件经历者对于曾经居住、生活而在地震中被夷为平地的家,以及可能存在的亲人、朋友离世的悲伤地的集体记忆、空间感知、情感体验、地方感受等,从一定程度上可以反映灾后居民的心理恢复情况,对了解居民灾难心理和行为有一定帮助。

(三)深化灾难纪念地背景下集体记忆与地方建构相关研究

1. 推进地理学视角下的集体记忆的实证定量研究

集体记忆是近 20 年来人文社科领域重要的理论与研究热点。集体记忆为探讨空间、景观以及人与地方关系提供了新的研究视角和有力的理论支撑。然而,地理学对比其他人文学科,相关研究略显滞后,国内人文地理学更处于概念引入与研究起步阶段(钱莉莉等,2015)。因此,本书梳理和借鉴国内外集体记忆相关研究成果,以灾难纪念地为背景,从集体记忆载体、主体与过程(机制)三方面构建地理学视角下的灾难纪念地的集体记忆研究框架,以案例实证形式推动集体记忆相关理论在国内人文地理领域的运用、发展。从文献和调研结果出发,本书分析不同群体对灾难纪念地的集体记忆及其维度,并从心理测量角度,开发集体记忆测量量表,推进集体记忆的量化研究,丰富该领域的研究方法。

2. 探讨灾难纪念地这一特殊类型的地方感,发掘集体记忆在地方建构过程中的影响机制

人地关系是人文地理学研究传统,绝大多数研究关注人与地方之间正面、积极的关系,相对忽视了人与地方之间负面、消极的一面(Charis & Thomas,

2012)。灾难纪念地反映了人与地方之间负面、矛盾、复杂的关系,探讨了居民、游客群体对于这一特殊类型地方的地方感,以案例研究的形式丰富了不同类型的地方感研究。本书比较不同群体(居民、游客)对灾难纪念地的空间建构和地方感,探讨集体记忆作为地方感的前置影响因素以及在其形成过程中的影响机制,量化集体记忆各维度对地方感影响途径,以弥补同类研究中对地方感前置因素及影响途径实证探讨的不足。

三、研究目标

本书以北川老县城地震纪念地为案例,包括地震遗址、5·12汶川特大地震纪念馆等,以当地受灾居民、外地游客为样本,以集体记忆为切入点,运用跨学科的研究方法,探讨灾难纪念地主客关系,将纪念地主人(host)分为政府及居民两个群体,将纪念地客人(guest)定义为游客群体。本书的研究对象包括:①不同群体视角下灾难纪念地的集体记忆建构;②不同群体视角下灾难纪念地的地方建构;③集体记忆影响灾难纪念地地方建构的机制。围绕上述三个研究目标,针对多元的研究主体,本书涉及如下研究内容。

1.官方视角下灾难纪念地的集体记忆与地方建构特征

本书借助地方规划、遗址保护、展陈空间、纪念仪式等集体记忆物质与非物质载体,研究官方视角下的集体记忆内容,以及灾难纪念地空间与功能建构特征。

2.居民视角下灾难纪念地的集体记忆、地方建构特征,集体记忆对地方建构的影响机制

本书从关怀地理角度,立足地震经历者、幸存者以及有可能存在心理创伤的北川居民,探讨北川老县城遗址所唤起的集体记忆空间与内容,分析集体记忆维度与特征;研究居民的地方功能感知、地方认同、地方行为意愿,探讨三者的维度与特征;揭示居民集体记忆、地方认同或地方功能感知、地方行为意愿之间的关系。

3.游客视角下灾难纪念地的集体记忆、地方建构特征,集体记忆对地方建构的影响机制

本书从旅游地理角度,探讨游客参观过程中所建构的集体记忆空间与内容,分析集体记忆维度与特征;研究游客的地方功能感知、地方满意、地方行为意愿,探讨三者的维度与特征;揭示游客集体记忆、地方满意或地方功能感知、地方行为意愿之间的关系。

4.比较不同群体的集体记忆、地方建构特征,集体记忆对地方建构的影响机制

本书比较官方与民间(居民、游客)集体记忆与地方空间建构特征;比较居民与游客集体记忆、地方功能感知、地方行为意愿维度与特征差异;比较居民与游客集体记忆、地方感或地方功能感知、地方行为意愿之间的影响关系,构建普遍意义下的集体记忆与地方建构的互动影响机制模型。

四、研究方法

1. 文献资料研究

我们通过搜集、摘取文献资料,获取调查课题相关资料。本书涉及文献主要包括以下两方面:其一,期刊论文、专题著作,即国内外有关灾难纪念、灾难(黑色)旅游、集体记忆、地方建构、汶川地震等的论文与著作。其二,报刊、网络报道,即国内外有关汶川地震纪念地特别是有关北川老县城地震遗址、5·12汶川特大地震纪念馆的官方网站与报道,包括图片、照片、影像资料,以便从官方视角了解集体记忆与地方建构特征。

内容分析法

它是人文社科领域普遍使用的质性研究方法,被文化地理研究引入,是文字、照片、新闻报道和多媒体等资料分析的主要方法,通过编码分析文本创作主体的主题和内容(朱竑、刘博,2011)。

2.田野调查

我们通过深入案例地，观察地方、景观属性特征并进行居民、游客调查。本书涉及调研主要包括：其一，实地考察北川老县城地震遗址、5·12汶川特大地震纪念馆的地方空间、景观特征、展陈文图、纪念物、纪念仪式；其二，调查北川老县城居民、游客对灾难纪念地的集体记忆和地方（感）建构。田野调查中使用口述史访谈法、认知地图和GIS分析、问卷调查。

认知史访谈法

口述史访谈法通过回忆访谈的形式，收集受访者对过去特定历史事件的观点或经验，或是其本人在某一历史事件中的亲身经历及其生活经历、重要故事等。口述史访谈法是一种"会说话"的历史学研究方法，口述史是一种对人们特殊回忆和生活经历的记录（李向平、魏扬波，2010）。口述史具有弥补历史断层、注意弱势边缘的声音及塑造社会共同记忆等重要功能。本书运用口述史访谈法主要是为了研究北川居民对于老县城的集体记忆。

认知地图和GIS分析

认知地图也称意象草图，通过让调研者手绘地图获取样本草图，了解其对某测量范围或区域的心理感知、印象与记忆。为弥补传统认知地图难以叠加分析和反映地方空间群体心理意象的缺陷，我们后期采用GIS叠加技术，运用ArcGIS 10.0软件，将样本信息绘制在同一张GIS底图上，以可视化不同集体记忆的群体建构的意象空间。运用软件中"Spatial Analysis Tools"模块"Density"选项中的"Kernel Density Estimation"功能，进行核密度值分析，寻找空间集聚点，并比较各专题地图空间集聚的异同点。

问卷调查

问卷调查分为半结构化问卷调查与结构化问卷调查。半结构化问卷是以开放式问题了解居民、游客访问灾难纪念地后产生的集体记忆、地方体验、地方感受等。结构化问卷基于前期文献研究、访谈、半结构化问卷结果，设计居民、游客对于灾难纪念地的集体记忆、地方感的测量题项，采用5点Likert测量量表，通过便利抽样法，进行问卷发放与回收。

3.景观分析

新文化地理学视角下,景观成为一种可供分析与解读的文本,体现了话语和权利。灾难纪念地对于唤起参观者集体记忆与情感,增强参观体验有重要意义。本书尝试通过景观符号分析北川老县城地震遗址和 5·12 汶川特大地震纪念馆的景观特征及其与参观者的关系。

景观符号学

符号学由瑞士语言学家索绪尔和美国逻辑学家皮尔斯于 20 世纪 60 年代提出,是观察世界的方式之一,在地理、环境心理、规划设计等领域广泛应用。事物及其意义都可以用符号表达。索绪尔提出了景观分析能指和所指的研究范式。皮尔斯更注重符号背后的逻辑关系,提出了 represent(符号形体)、object(符号对象)、interpretant(符号解释)的三元关系,并认为符号形体可以分为图像符号、指示符号、象征符号等(王玉石,2007)。MacCannell(1999)在索绪尔和皮尔斯的理论基础上,提出了旅游符号系统理论,认为旅游吸引物由标记物(能指,即景点介绍)、景点(所指,即景点)、旅游者(解译者)构成。而 Lau(2011)认为旅游符号学应用中,景点是能指,而景点背后承载的事件内容、历史文化、集体记忆及其所蕴含价值是所指。本书借鉴索绪尔、皮尔斯、马康纳、劳等的符号学理论,提出了景观符号解析途径(见表 1-1),将灾难纪念景观分解成系列符号,传递集体记忆载体、记忆(意义)、访客之间的关系。

表 1-1 纪念(记忆)景观符号解析

符号类别	符号
文字符号	文本、说明牌、标识牌、横幅等
图像符号	雕塑、照片、浮雕、壁画、图案、结构图、模型、草图等
指示符号	指示牌、入口指示、道路、挡墙、路缘、踏步、坡道等
象征符号	纪念碑、墓碑、色彩等

4.质性分析

扎根理论与编码

扎根理论是由美国社会学家格拉泽和施特劳斯提出,通过系统收集和分析资料,不断提出问题、提取概念(范畴)、进行比较、建立分类、建立联系,从而发掘理论的方法(李晓凤、佘双好,2006)。编码是扎根理论的重要环节,资料编码可以分为三个阶段。首先,开放式编码阶段,即用概念来标识和诠释资料的过程,包含概念化、概念分类、范畴化三个过程。其次,主轴编码阶段,即从已有范畴中选择最能体现文本主题的范畴,合并次要范畴,提炼主要范畴。最后,核心编码阶段,从主要范畴中识别核心范畴,通过构建故事线串联有意义的主范畴,构成一个新的理论框架。

5.数理统计

我们运用 SPSS 17 和 AMOS 22 软件对问卷调查样本数据进行分析。数理统计包括探索性因子分析(EFA)、方差分析(ANOVA)、相关分析、结构方程模型(SEM)等。

探索性因子分析

探索性因子分析是用来发掘多元观测变量本质结构,从而进行降维的技术。探索性因子分析采用主成分分析法,进行方差旋转,提取特征值大于1的公因子或设定固定数量的因子数。本书采用探索性因子分析来分析居民与游客的集体记忆、地方功能感知、地方感、地方行为意愿的维度。我们运用 KMO(Kaiser-Meyer-Olkin)评判量表是否适合进行因子分析。KMO 值越接近于1,越适合因子分析。根据 Kaiser(1974)的标准,KMO 值≥0.9 表示极好,0.8≤KMO 值<0.9 表示很好,0.7≤KMO 值<0.8 表示中等,0.6≤KMO 值<0.7 表示普通,KMO 值<0.6 表示不可接受。Bartlett 球形检验也用于检验相关系数矩阵是否适合因子分析。

方差分析

方差分析用于两个及两个以上样本均数差别的显著性检验。方差分析的 F 统计量越大,表示组别之间的差异越显著。本书采用方差分析探索居民、游客集体记忆、地方感、地方功能感知、地方行为意愿在人口统计学特征和受灾程度上的差异。

相关分析

相关分析是发掘随机变量之间依存关系，探讨相关方向、程度的统计方法。根据变量的类型（连续型、定类型、定序型），本书采用 Pearson 相关系数来测度连续型变量间的线性相关关系，即集体记忆与地方功能感知各维度、地方功能感知与地方行为意愿各维度之间的相关关系。相关程度通过相关系数 r（$-1 \leqslant r \leqslant 1$）来表示。正相关时，$r$ 值在 0 和 1 之间，表明一个变量增加，另一个变量也增加；负相关时，r 值在 -1 和 0 之间，此时一个变量增加，另一个变量将减少。r 的绝对值越接近 1，两个变量的关联越强，r 的绝对值越接近 0，两个变量的关联越弱。

结构方程模型

结构方程模型是验证性因子分析（CFA）和（潜变量）因果模型的结合，用于测定潜变量与指标、潜变量之间的关系，整合了回归分析、路径分析、因子分析与一般统计学方法，是针对多变量、多因果关系的多元统计方法，在人文社科研究中应用广泛。本书采用结构方程模型检验居民、游客灾难遗址纪念地的集体记忆、地方感或地方功能感知、地方行为意愿之间的影响关系与作用机制。

6.技术路线

本书技术路线如图 1-1 所示。

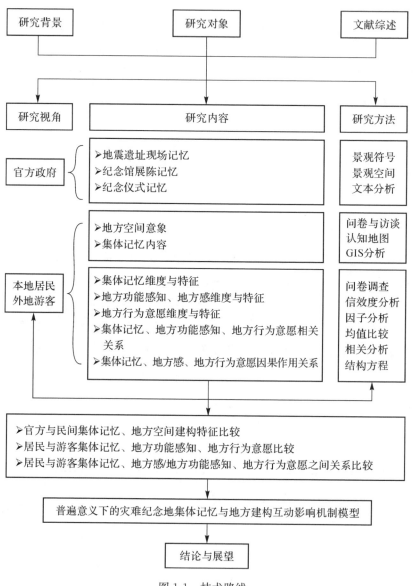

图 1-1　技术路线

第二章　理论基础与研究进展

一、灾难纪念地旅游活动研究

（一）灾难纪念地概念与类型

1. 纪念地概念与类型

纪念地，即为了留住或唤起记忆的特殊空间景观，具有物质和精神双重属性（刘滨谊等，2004）。《不列颠百科全书》将国家纪念地定义为以保护特定时期历史事件、文化价值为目的，受国家统一管理和法律保护的地区（柳尚华，1999）。美国《古迹遗址保护法案》提出，将历史遗迹、历史和史前建筑与其他有历史、科学价值的遗迹作为国家纪念地，包括国家纪念馆（national monument）、国家纪念碑（national memorial）、国家战场（national battlefield）、国家战场遗迹（national battlefield site）、国家军事公园（national military park）等类型。英国纪念地类型则更为丰富，包括古迹建筑（listed building）、纪念碑（scheduled monument）、事故遗址（protected wreck site）、纪念公园（registered parks and garden）、战争遗址（registered battlefield）、战争纪念碑（war memorial）、战争墓地（war grave）等（程思佳，2017）。我国一般将纪念地分成人物型、事件型、自然景观型、历史遗址型和混合型（牛景龙，2016）。

纪念地被视为"露天的国家历史博物馆"（齐康，1996），对于保存人类历史记忆、建构当代社会集体记忆、将参与者引向更深的思考，发挥着重要作用（Nora，1989）。纪念地的出现和演化伴随着人类文明进程，无论是纪念集体欢腾的胜利广场、纪功柱、凯旋门，还是铭记集体创伤的暴行博物馆、战争纪念碑、遇难者墓地，抑或是纪念历史人物的庙宇、祠堂等，都是古今人类记忆史上的宝贵财富。纪念地作为历史文化遗产在全世界范围内受到重视和保护，基于这些空间的纪念仪式活动同样有利于保持国家和个人记忆（康纳顿，2000）。因此，无论官方还是民间都重视纪念地、纪念景观的建设，并定期举行仪式活动以铭记对于整个国家和民族有重要意义的日子或事件。

2. 灾难纪念地概念与类型

联合国国际减灾战略将灾难定义为严重破坏社会运作，超过社会利用其自身资源能力，造成广泛的人、物、经济或环境损失和影响的事件。国内人类学家彭兆荣（2008）认为，灾难是自然界发生或人为产生的，对人类和人类社会具有危害性后果的事件，可以分为天灾和人祸。天灾是指自然灾害，即由自然因素所引起、产生、导致的灾害，如海啸、台风、洪水、地震、火山喷发等。人祸，即人类的观念、行为，人类相互之间的仇视所引发的灾难，比如战争、大屠杀、恐怖袭击、核泄漏事故等。

在人类漫长的历史中，灾难一直伴随左右。人类很早就开始对灾难的纪念，如我国古代官方与民间在祭坛、庙宇的祛灾祈福仪式，灾后重建中立碑刻文以铭记灾难事件，警示后人防患于未然。现代意义上的灾难纪念出现在第二次世界大战后，反映了人类社会对战争、屠杀、暴行的谴责，对和平、稳定、发展的憧憬。灾难经历也往往被视为一个国家和民族的财富，值得记忆和从中吸取教训，无论是人为战争还是自然灾害，围绕这些灾难事件的遗址遗迹、纪念空间、纪念活动成为新时期国家和民族纪念地的重要类型（李开然，2005）。例如，二战后出现的大量战争纪念地，包括美国的越战纪念碑、以色列的耶路撒冷犹太大屠杀纪念馆、日本广岛的和平纪念公园、我国的侵华日军南京大屠杀遇难同胞纪念馆等，发挥着纪念战争牺牲、启发民族意识、培养爱国精神的重要作用。近年来亦出现围绕突发自然灾难遗址、遗迹的保护与纪念空间建设，如印度尼西亚海啸博物馆、日本阪神大地震纪念馆以及我国台湾九二一地震教育园区、5·12汶川特大地震纪念馆等，其展现灾难的过程和后果，反映抗灾的人道主义精神、面对灾难的反思和应对灾难的集体经验，构成社会共享的集体记忆，成为全人类的重要纪念地。

尽管学术界未对灾难纪念地进行严格的概念界定与类型划分，但一般认为灾难纪念地是围绕人为或自然灾难事件的遗址、遗迹，建设纪念馆（博物馆）、纪念景观、遇难者公墓等公共纪念设施，开展纪念仪式、科普教育、旅游参观等活动的地方。灾难纪念地可以分为人为灾难纪念地和自然灾难纪念地（见表 2-1）。

表 2-1　国内外灾难纪念地分类与典型案例

类型	灾难纪念地项目	地点	开放时间
人为灾难纪念地	奥斯威辛集中营旧址、纪念馆	波兰奥斯威辛	1947 年
	以色列耶路撒冷犹太人大屠杀纪念馆	以色列耶路撒冷	1953 年
	广岛和平纪念公园、纪念馆	日本广岛	1955 年
	亚美尼亚种族屠杀纪念馆	亚美尼亚埃里温	1968 年
	珍珠港事件纪念馆	美国夏威夷	1980 年
	侵华日军南京大屠杀遇难同胞纪念馆	我国南京	1985 年
	新英格兰大屠杀纪念碑	美国波士顿	1995 年
	俄克拉何马城国家纪念馆	美国俄克拉何马	2000 年
	"9·11"国家纪念博物馆	美国纽约	2014 年
自然灾难纪念地	阪神大地震纪念馆	日本神户	2002 年
	台湾九二一地震教育园区	我国台湾	2004 年
	唐山地震遗址纪念公园	我国唐山	2008 年
	北川老县城地震遗址、5·12 汶川特大地震纪念馆	我国北川	2010 年、2013 年
	"5·12"汶川特大地震映秀震中纪念馆、映秀震中遗址	我国汶川	2012 年
	玉树抗震救灾纪念馆	我国玉树	2013 年

（二）灾难纪念地旅游活动研究概况

1. 黑色旅游概念源起与发展

灾难纪念地发挥着铭记灾难、哀悼遇难者、历史教育、科普教育、科学研究等功能。特别是一些国家和民族灾难纪念地，更是记录着国家创伤历史，保存着社会记忆，对于提升集体凝聚力、唤起民族身份认同、坚定国家认同具有重要意义。欧美、日本等非常重视对这些灾难纪念地的保护和活用，其中较为著名的诸如美国的地面零点、日本的北淡震灾纪念公园等。这些灾难纪念地每年都吸引成千上万的国内外游客，现已成名副其实的旅游地（王金伟、张赛茵，

2016）。从普通游客视角，灾难纪念地提供了见证国家历史、个人受教、道德规训等功能，其有别于普通的观光休闲旅游，为深入了解个人与地方之间悲伤、恐惧、震惊等负面情感体验提供了丰富的案例。从事件亲历者视角，灾难纪念地提供了深入了解巨大灾难、痛苦、悲伤情境下幸存者的心理恢复、创伤治愈、纪念哀悼等的素材。实践中，不管是普通游客对灾难纪念地的旅行参观活动，还是灾难事件相关者重返故地的旅行纪念活动，都受到了学界的极大关注。

事实上，到灾难、死亡、痛苦、灾难、暴力事件相关地旅游并不是一个新现象（Stone，2013）。例如，欧洲中世纪基督徒前往耶稣殉难处朝圣，大众围观死刑，观看罗马角斗士暴力厮杀，第一、二次世界大战后进行战地旅游，参观大屠杀纪念馆，以及近年来参观美国的"9·11"地面零点、卡特里娜飓风过后的新奥尔良以及我国汶川地震纪念地、地震后的新西兰基督城。然而，学术界对于灾难纪念地旅游现象的关注却始于近 30 年。20 世纪 90 年代，一些学者从旅游业视角，关注灾难、死亡、伤痛相关地方的旅游活动。Tunbridge & Ashworth（1996）认为这些死亡、伤痛、灾难地属于遗产旅游的范畴，提出了不和谐遗产（dissonant heritage）概念，并关注其中的一系列暴行遗产（heritage of atrocity），指出此类由战争、屠杀、暴行等人为灾难而留下的遗产在受众纪念与遗忘管理、解读方面的困境。Tanaka et al.（2021）将自然灾难引发的遗址遗迹视为一种负面遗产（negative legacy）。尽管灾难遗迹以废墟、遗址形式出现，但合理开发利用可以创造灾后新的旅游产品，由此开展的旅游活动也被称为灾难旅游（disaster tourism）（Robbie，2008）。从政府管理视角，灾难遗址、遗迹保护及灾难纪念地建设向外界传递了更新和复苏的信号，可以带来外界关注与经济获益，有助于灾后恢复（Tucker et al.，2016）。此外，学者根据灾难地类型与资源差异，提出诸如战争旅游（war tourism）（Seaton，2000）、战场旅游（battlefield tourism）（Dunkley et al.，2011）、大屠杀旅游（holocaust tourism）（Thurnell-Read，2009）、原子弹旅游（atomic tourism）（Schafer，2015）、冲突遗产旅游（conflict heritage tourism）（Mansfeld & Korman，2015）、黑色遗产旅游（dark heritage tourism）（Kamber et al.，2016）等概念；根据旅游者动机与体验特征，提出诸如创伤旅游（trauma tourism）（Clark，2009）、悲痛旅游（grief tourism）（Lewis，2008）、黑色旅游（dark tourism）（Foley & Lennon，1997）、死亡旅游（thanatourism）（Seaton，1996）等概念。

纵观以上概念词语，尽管灾难旅游（disaster tourism）从字面上最贴近灾难纪念地旅游参观活动这一研究范畴,但学术界对其的认同度与使用度并不高。而黑色旅游(dark tourism)这一概念受到学术界广泛认同,也是研究中使用频次最高的。大部分学者认为灾难旅游是黑色旅游的一种类型(Tucker et al.,2016;Wright & Sharpley,2018),可以用外延更广泛的"黑色旅游"一词替换"灾难旅游"。同时,Wright & Sharpley(2018)深度辨析灾难旅游概念,提出以下三个特点:①灾难旅游通常以灾难遗址、遗迹为依托,吸引灾难游客见证灾难后果。一旦受灾建筑、废墟、遗址被拆除或重建,就很难吸引被好奇心驱动的游客。②灾害地点通常是没有管理的原始地,旅游服务有限或没有基础设施,甚至没有官方的旅游组织方式、指示与导引。③如果灾难地被保护、规划成博物馆,修建公众纪念与游客服务设施,那么它就会转变为一个纪念和朝圣的地方,即所谓的新生的黑色旅游地。因此,灾难旅游地往往被视为灾难纪念地的前一阶段,灾难旅游亦是黑色旅游的一种短暂而特殊的形式。综合研究案例,本书认为使用黑色旅游这一概念对于阐释灾难纪念地旅游参观活动更科学。

　　黑色旅游概念由弗利和列侬于 1996 年发表在 *International Journal of Heritage Studies* 上的一篇关于黑色旅游的文章首次正式提出。Foley & Lennon(1996)将黑色旅游定义为"真实、商品化的死亡和灾难地的展示与消费",假定黑色旅游是一种大众旅游,并从供给角度,侧重研究与死亡、悲痛地相关的展示和解说。而在这本杂志另一篇著名文章中,Seaton(1999)提出了黑色旅游姊妹概念死亡旅游(thanatourism),即"旅行到与一个能遇见实际或象征性死亡的地方",并认为死亡旅游并不是一种绝对的形式,而是根据游客旅游动机存在差别。从某种意义上来说,Seaton(1999)定义的死亡旅游是从游客消费行为端考虑,即游客去参观死亡地的动机、期望与体验。后期学者借鉴 Foley & Lennon(1996)的黑色旅游与 Seaton(1999)的死亡旅游概念,结合旅游目的地、旅游行业、游客体验等对黑色旅游的概念、内涵、范畴进行进一步补充。例如:Foley & Lennon (1997)认为,黑色旅游地的功能不局限于展示死亡,还包括社会记忆、教育、娱乐等。Ashworth(2008)从游客情绪视角定义黑色旅游,认为黑色旅游本质上是体验黑暗情绪,如疼痛、死亡、恐怖或悲伤,这也是黑色旅游区别于其他大众旅游的重要特征。Best(2007)认为,黑色旅游的内涵是体验他人死亡,以实现个体反思。Stone (2016)认为,黑色旅游涉及具有政治或历史意义的死亡或灾难空间,影响着人们的生活(见表 2-2)。

表 2-2　黑色旅游定义和提出者

定义	提出者
真实、商品化的死亡和灾难地的展示与消费	Foley & Lennon (1996)
出于记忆、教育或娱乐目的，参观 20 世纪有关死亡、灾难和悲剧等地点的旅行活动	Foley & Lennon (1997)
与灾难、死亡和堕落有关的旅游业	Lennon & Foley (1999)
对悲剧地、有持续影响的重大历史死亡地的访问	Tarlow (2005)
前往与死亡、灾难、暴力行为、悲剧、死亡场景和犯罪相关的地点	Preece & Price (2005)
与死亡、痛苦和骇人听闻地有关的旅行行为	Stone (2006)
本质上是对黑暗情绪（如疼痛、死亡、恐怖或悲伤）的体验	Ashworth (2008)
涉及具有政治或历史意义的死亡或灾难空间，持续影响着人们的生活	Stone (2016)

2. 文献统计视角的黑色旅游研究概况

国外黑色旅游研究概况

我们以 dark tourism、thanatourism、disaster tourism 为主题词在 Web of Sicence 核心库（SCI 扩展库、SSCI 库）中检索。截至 2018 年 6 月 15 日，黑色旅游相关期刊文献共计 166 篇。从发表时间来看，近 10 年来黑色旅游研究飞速发展，2010 年后每年发文 10 篇以上。从发文领域来看，主要集中在旅游学（95篇）、社会学（33 篇）、管理学（25 篇）、环境研究（23 篇）、地理学（15 篇）等专业领域。从发文期刊来看，旅游类顶级期刊居多，包括 *Annals of Tourism Research*（23 篇）、*Tourism Management*（17 篇）、*Tourist Studies*（13 篇）、*Current Issues in Tourism*（10 篇）等（见图 2-1）。从以上统计数据可见，黑色旅游研究快速发展，并得到了旅游主流领域和期刊的关注，也具有跨学科的特征，如使用跨学科的理论、方法来研究黑色旅游这一特殊的现象。正如 Stone（2012）认为的，黑色旅游是一个年轻且多学科交叉的研究领域。

我们使用 Citespace 软件对这 166 篇文章的关键词进行词频、共现分析（见表 2-3、图 2-2），可以发现国外黑色旅游研究主要集中在供给和需求两个视角。

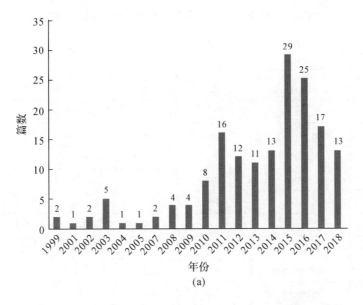

(a)

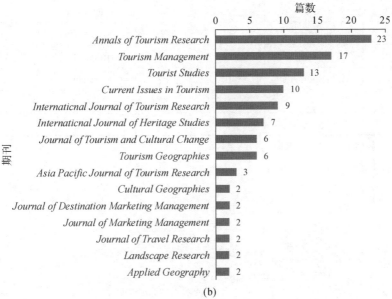

(b)

图 2-1 国外黑色旅游研究趋势

表 2-3　Web of Science 黑色旅游相关检索高频关键词

序号	关键词	频次	序号	关键词	频次
1	dark tourism	106	18	emotion	7
2	thanatourism	29	19	Robben Island	7
3	tourism	27	20	perspective	7
4	experience	24	21	life	7
5	death	24	22	prison	7
6	heritage	20	23	model	7
7	museum	19	24	culture	7
8	war	18	25	satisfaction	7
9	motivation	16	26	behavior	6
10	authenticity	15	27	space	6
11	memory	15	28	visitor	6
12	site	12	29	narrative	6
13	identity	11	30	Great War	6
14	history	11	31	heritage tourism	6
15	management	10	32	place	5
16	penal tourism	9	33	travel	5
17	pilgrimage	8	34	media	5

注：截取关键词词频 5 以上的结果。

图 2-2　Web of Science 核心库黑色旅游相关文章关键词词频与共现分析

供给视角的研究主要为黑色旅游地（资源）分类、管理，涉及黑色旅游商业化、政治性、历史文化性等。反映黑色旅游资源类型的高频关键词包括heritage、museum、war、prison 等。反映黑色旅游开发、管理、历史文化性的高频关键词包括 management、history、culture、memory 等。

需求视角的研究主要为游客黑色旅游知觉，包括黑色旅游动机、体验、行为等方面，高频关键词包括 motivation、experience、emotion、satisfaction、behavior 等。

本书进行关键词频统计，结合文章标题、发表年份，发现早期从供给角度研究黑色旅游的文献较多，近几年逐渐转向黑色旅游者消费视角，更多关注游客动机、体验、感知、行为等，并呈现供给、需求融合的视角，从黑色旅游文化、历史、集体记忆等广泛叙事背景切入，深刻阐释不同个体的黑色旅游地感知、体验，并进一步映照游客关于地方、身份、生与死、原真性等黑色旅游本体问题的思考。

国内黑色旅游研究概况

在中国知网（CNKI），我们以"黑色旅游"、"死亡旅游"或者"灾难旅游"为关键词进行搜索，截至 2018 年 6 月 15 日，共检索到 164 篇期刊文章。从文献发表年份看，2002 年国内开始关注黑色旅游现象，2008 年后研究快速发展，这与汶川地震后出现的灾害类自然资源、废墟遗址资源、灾区旅游新发展有关。从发表期刊来看，多为新闻刊物，相对缺乏理论基础与学术讨论，高质量的学术研究较少（见图 2-3）。从关键词来看，大多数文章基于黑色旅游资源开发或黑色旅游发展现状、问题、对策、建议，案例地涉及 5·12 汶川特大地震纪念馆、侵华日军南京大屠杀遇难同胞纪念馆、唐山地震遗址纪念公园、战争遗址等，其中以对汶川地震纪念地的研究最多（见表 2-4）。而对游客心理、行为的研究相对缺乏。实证层面仅有王金伟、张赛茵（2016），陈星等（2014）研究了北川老县城地震遗址的游客动机，颜丙金等（2016）研究了北川老县城地震遗址游客认知、情感体验，郑春晖等（2016）研究了侵华日军南京大屠杀遇难同胞纪念馆游客行为意向差异，沈苏彦等（2014）、方叶林等（2013）研究了侵华日军南京大屠杀遇难同胞纪念馆游客动机与体验之间的关系。黑色旅游是西方术语，国内这种不经案例实证检验，缺乏对游客心理、行为了解，一边倒的以资源开发与对策为导向的研究，引起了一些学者的担忧（谢彦君等，2015），他们呼吁结合国内黑色旅游地资源特色与受众心理、行为等,揭示非西方背景下的黑色旅游现象本质。

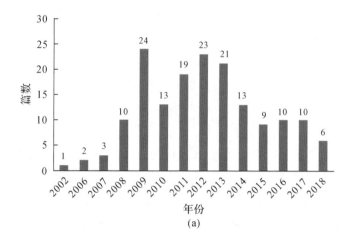

(a)

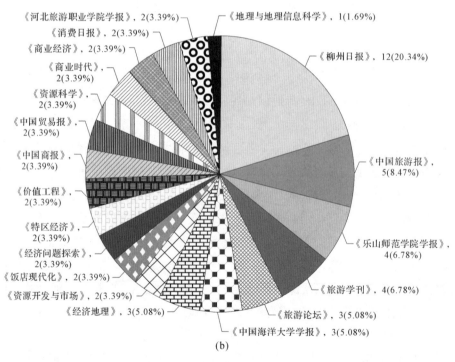

(b)

图 2-3 国内黑色旅游研究趋势

表 2-4　CNKI 黑色旅游相关检索高频关键词统计表

序号	关键词	频次	序号	关键词	频次
1	黑色旅游	84	16	态度	3
2	开发/发展	25	17	现状	3
3	动机	14	18	利益相关者	3
4	对策/策略	12	19	旅游者	3
5	汶川地震	12	20	南京大屠杀	2
6	体验	10	21	国外	2
7	红色旅游	9	22	敏感性	2
8	灾难旅游	7	23	SWOT 分析	2
9	黑色旅游资源	7	24	外省居民	2
10	地震遗址	5	25	新公共管理	2
11	我国	5	26	不和谐遗产	2
12	伦理	4	27	问题	2
13	灾难	3	28	可持续发展	2
14	动力机制	3	29	唐山大地震	2
15	目的地居民	3	30	功能	2

(三)供给视角:灾难纪念地政治性与灾难旅游商业化

1. 灾难纪念地利益相关者视角:政治性与集体记忆

从相关文献分析发现,灾难纪念地(黑色旅游)研究的一个视角是从供给角度探讨特定利益相关者的观点及其对管理的启示。Light(2017)认为,灾难、苦难、死亡相关纪念地的旅游业可能会与这些地方的政治化使用产生重叠、碰撞。虽然并不是所有类型的灾难纪念地都涉及政治维度,但每一个纪念地背后都有复杂的利益相关群体,涉及广泛的社会、历史、政治背景。对灾难纪念地政治性的研究主要集中在不同的利益相关者对灾难、死亡和受难场所的不同诠释,并强调这些群体之间的紧张或不和谐的问题。Seaton(2000)提出遗产力场理论,灾难纪念地是不同利益者的竞技场,包含五方面利益相关者:①所有者和控制者,无论是公共部门还是私营部门,都要确定一个特定灾难纪念地使命;②灾难事件亲历者、遇难者后裔等与灾难事件有紧密关联的群体;③东道主社区,人们生活的同时也能受到灾难纪念地与黑色旅游发展的影响;④有特殊期望的游客群体;⑤参与其中的媒体。Ashworth(2008)论证了灾难纪念地的三个主要受众——受害者、肇事者和旁观者,并认为每个集体都有要记住的东西,其旅游参观动机、意图、体验,以及对灾难旅游、黑色旅游的看法也是多样化的。Light(2017)认为,现实灾难纪念地、灾难旅游、黑色旅游产品供给中利益相关群体主要包括:①提供灾难与死亡旅游体验的管理者或经营者。他们被认为需要提供适当的方式呈现灾难,以平衡铭记灾难、访客教育以及宣传社会正义的主题。②当地社群。他们有关于灾难事件如何被呈现和解释的看法,有关于发展灾难旅游、黑色旅游的利益诉求。③地方政府,以及负责灾难纪念地旅游开发的专业人员。某些情况下,他们可能不愿意在某个地区推广灾难旅游、黑色旅游产品,因为相对大众休闲观光旅游来说,灾难旅游、黑色旅游更小众,市场影响与反馈较弱。

尽管灾难纪念地背后涉及多样化的利益群体,其对纪念管理、旅游开发有不同的意见,但由于灾难纪念地中自然灾害、社会暴力、战争冲突等重大事件的发生地占绝大多数,而类似重要事件与国家、民族政治紧密相连(Seaton,2009),相应的案例研究也体现出官方、政府对于灾难纪念地的关注。许多研究显示了灾难纪念地在建构国家记忆上的重要性(Bird,2011;Carr,2010;Chronis,2012;Dunkley et al.,2011;Forsdick,2014;Knox,2006;Stone,2012;Winter,2009a)。政府积极支持灾难纪念地建设,将之视为传递国家意识形态、历史意识、社会正义的途径(Sharpley,2009;Winter,2009a)。访问与灾难、暴行、死亡相关的地方给游客创造了了解、确认国家意识的途径(Clarke & McAuley,2016;Lisle,2004;Pezzullo,2009;Seaton,1999;Tinson et al.,2015),对于治愈战后、冲突地区人民集体创伤,提升地区认同和国家认同起着重要作用(Muzaini & Yeoh,2005;Winter,2009a;Rivera,2008)。而在灾难纪念地活化利用、旅游开发过程中,市场化与政府行为之间存在着矛盾,旅游业可能会与集体记忆定义或民族身份定位相冲突。特别是民族国家有时往往不愿意记起某个特定的历史事件,正如集体健忘也是民族历史的重要部分(Ashworth,2008;Winter,2009a)。从当地社区视角来看,灾难事件的见证者、受灾者及他们的后裔,以及灾难纪念地发展黑色旅游真实影响的群体,他们的观点和声音经常被忽视或被边缘化(Kidron,2013;Stone,2013;Carrigan,2014;Light,2017)。Carrigan(2014)呼吁更多地关注殖民主义遗产对当代灾难纪念地的影响,更关注土著社区的观点和声音,以及更充分地考虑他们对环境灾害型旅游地的回应。如果研究人员赋予那些被边缘化的群体以权力,那么灾难纪念地与黑色旅游地发展将有潜在的变革能力。

2. 灾难纪念地旅游开发管理:商业化与原真性

灾难纪念地因受众群体以及旅游形式的特殊性,在开发、管理过程中一直存在着争议,伴随着伦理困境。其中一个问题是:灾难、死亡、苦难的地方是否适合发展旅游? 这也就是在灾难、死亡的地方,旅游的可接受性和适当性的问题(Lennon & Foley,1999;Clark, 2009)。一些遗产专家认为,展示自然灾害、历史悲剧、人类死亡等的旅游活动是不道德和难以接受的(MacCannell,1992)。Ashworth(2008)认为,灾难纪念地发展黑色旅游可能是麻醉剂,而不是让游客更敏感,其增加游客与恐惧和痛苦的接触可能使之更可接受,而不是令人震惊和不可接受。一些学者认为,存在一种适当的方式来回应灾难、死亡和呈现灾难纪念地(Bowman & Pezzullo,2010)。然而,灾难纪念地的旅游开发、黑色旅游产品的展示过程难以回避商品化的问题。Foley & Lennon(1996、1997)认为,商品化的过程经常以破坏、扭曲或其他方式歪曲悲惨的历史事件,其呼吁对真实性的关注。其他研究人员随之研究灾难地与黑色旅游商品化及其对真实性影响,以及原真性在一系列语境中的历史准确性(Braithwaite & Leiper, 2010; Carr, 2010; Heuermann & Chhabra, 2014; Lennon, 2009; Powell & Iankova,2016;Wight & Lennon,2007)。Strange & Kempa(2003)认为,灾难事件背后的利益群体、媒体导向、游客期望会改变纪念地的展示方式,破坏历史事件的原真性。Sharpley(2009)认为,灾难纪念地和黑色旅游不可避免地存在媚俗现象,认为媚俗传递了"舒适的感觉"、"安全和希望",使灾难、死亡、暴行地变得可以被游客理解。Sather-Wagstaff(2011)认为商品化论点本身与原真性相背离,与灾难、死亡相关的地点的开发不可避免地导致琐碎化,甚至迪士尼化。进一步对商品化的批评在于游客对灾难、死亡、痛苦相关地的访问是不是一种被动、无谓的经历。一方面在灾难旅游、黑色旅游中,游客被认为是被动的消费者,另一方面则强调旅游者可以协商、挑战或拒绝他们接收到的旅游信息(Smith,2006)。Muzaini et al. (2007)认为,游客不是灾难事件的窥探者和被动接受者,需要在特定灾难纪念地场景和广泛的社会文化背景下考虑游客对于商品化的黑色旅游产品的认知。Light(2017)认为,一系列灾难纪念地的旅游开发需要考虑如何平衡遗址、遗迹保护和真实展陈,需要考虑如何平衡多元化的利益主体和多样化的游客。

(四)消费视角:灾难纪念地旅游动机、体验、行为

1. 灾难纪念地旅游动机

早期对于灾难纪念地旅游动机的描述很大程度上是推测性的。Foley & Lennon(1996,1997)认为,游客去灾难纪念地仅仅是旅游公司偶然把它列入普通旅游线路,因此旅游者可能没有既定目的。后期游客在了解这一类型目的地后,对其访问主要出于纪念、教育或休闲目的。相反,Seaton(1999)认为灾难纪念地旅游是一种企图窥见灾难与死亡的旅游活动,动机或多或少与体验死亡有关。Dann(2005)根据灾难纪念地类型总结了系列动机,包括对灾难的好奇、恐惧、黑色怀旧、嗜血性、死亡的兴趣、道德感、度假等。Dunkley(2007)提出了系列动机,包括自我发现、换位思考、特殊兴趣、原真性探求、变态的好奇心、朝圣等。考虑到涉及多样化的灾难纪念地及游客复杂的心理过程,出现了许多基于特定案例的实证研究,以揭示旅游动机的多元性与异质性。我们根据在 Web of Science 检索到的关键词为 motivation 的 16 篇实证文章,以及在 CNKI 检索到的关于灾难纪念地、黑色旅游动机的 4 篇实证研究,发现灾难纪念地旅游动机可以分为五大类,包括教育和学习、爱国主义、个人遗产旅游、对灾难与死亡的好奇、休闲旅游(见表 2-5)。而每一种类型的动机几乎都包括自然灾害地与人为灾难发生地,从中也能发现多元化、异质性动机背后的共同性。

表 2-5　灾难纪念地旅游动机、学者与案例地

动机		学者	案例地
教育和学习	教育、学习、见证灾难事件	Bigley et al.（2010）；Biran et al.(2011)；Farmaki（2013）；Kang et al.(2012)；Le & Pearce（2011）；Ryan & Kohli(2006)；Thurnell-Read（2009）；Winter(2011)；Yan et al.（2016）；王金伟、张赛茵(2016)；方叶林等(2013)；陈星等(2014)	战地(朝鲜非军事区、比利时伊珀尔)、大屠杀(奥斯维辛集中营、侵华日军南京大屠杀遇难同胞纪念馆)、博物馆(济州 4·3 和平纪念馆)、墓地(新西兰蒂怀罗阿埋葬村)、自然灾难地(北川老县城地震遗址)
	历史、文化兴趣	Le & Pearce(2011)；Yankholmes & McKercher (2015)	战地(越南非军事区)、奴隶地(加纳海岸角城堡)

续表

	动机	学者	案例地
爱国主义	纪念、集体记忆	Dunkley et al.（2011）；Farmaki & Birna(2013)；王金伟、张赛茵（2016）；陈星等(2014)；Tang(2014)	战地(索姆河-伊普尔)、自然灾难地(北川老县城地震遗址、汶川地震后的四川)
	道德义务、责任感	Kang et al.（2012）；Thurnell-Read（2009）；方叶林等(2013)；Tang（2014）	大屠杀(奥斯威辛集中营、侵华日军南京大屠杀遇难同胞纪念馆)、博物馆(济州4·3和平纪念馆)、自然灾难地(汶川地震后的四川)
	国家身份认同	Cheal et al.（2013）；Hyde & Harman（2011）；Tinson et al.（2015）；陈星等（2014）	战地(土耳其加里波利)、大屠杀(奥斯威辛集中营)、自然灾难地(北川老县城地震遗址)
	帮助灾后恢复	Rittichainuwat（2008）	自然灾难地(海啸后的普吉岛)
个人遗产	个人、家庭联系	Biran et al.（2011）；Hyde & Harman（2011）；Le & Pearce（2011）；Mowatt & Chancellor（2011）；Winter（2011）；Yankholmes & McKercher（2015）；陈星等(2014)	大屠杀(奥斯威辛集中营)、战地(土耳其加里波利、越南非军事区、比利时伊珀尔)、奴隶地(加纳海岸角城堡)、自然灾难地(北川老县城地震遗址)
	纪念个人祖先、治疗创伤	Yankholmes & McKercher（2015）；Kidron(2013)；Sturken(2007)	奴隶地(加纳海岸角城堡)、大屠杀(奥斯威辛集中营)、恐怖袭击地("911"国家纪念园与博物馆)
对灾难与死亡的好奇	好奇/冒险、黑色事件的模拟与表演	Bigley et al.（2010）；Biran et al.（2011）；Farmaki & Birna（2013）；Kamber et al.（2016）；Kang et al.（2012）；Rittichainuwat（2008）；Yan et al.(2016)；方叶林等(2013)；陈星等(2014)；Tang（2014）Podoshen et al.（2015）	战地(朝鲜非军事区)、大屠杀(奥斯威辛集中营、侵华日军南京大屠杀遇难同胞纪念馆)、冲突地（萨拉热窝)、博物馆(济州4·3和平纪念馆)、自然灾难地(北川老县城地震遗址、海啸后的普吉岛、汶川地震后的四川)"地狱之夜"音乐节、黑色重金属表演
	见证著名的灾难地	Biran et al.（2011）；Cheal & Griffin（2013）	大屠杀(奥斯威辛集中营)、战地(土耳其加里波利)
	对灾难或死亡的兴趣、病态的好奇心	Biran et al.（2011）；Yankholmes & McKercher（2015）	战地(朝鲜非军事区)、奴隶地(加纳海岸角城堡)

续表

动机		学者	案例地
休闲旅游	休闲目的、行程中的安排、打发时间	Brown（2016）；Dunkley et al.（2011）；Hyde & Harman（2011）；Winter（2011）；王金伟、张赛茵（2016）；Ryan & Kohli（2006）；Brown（2016）；Hyde & Harman（2011）	战地（索姆河-伊普尔、土耳其加里波利、比利时伊珀尔）、自然灾难地（汶川地震后的四川）、墓地（新西兰蒂怀罗阿埋葬村） 大屠杀（奥斯威辛集中营） 战地（土耳其加里波利）

教育和学习动机

对灾难事件的理解、亲眼见证灾难事件，以及对历史、文化的兴趣是最常见的旅游动机。例如：Kang et al.（2012）研究了韩国济州4·3和平纪念馆、纪念公园的游客，发现学习与义务、教育与计划等是主要动机。Bigley et al.（2010）发现去往朝鲜非军事区（DMZ）的游客动机主要是对朝鲜政治制度、战争后果了解的渴望。从这个意义上说，参观灾难、死亡、苦难场所的动机类似于遗产、文化旅游（Biran & Poria，2012；Biran et al.，2011；Miles，2014）。

爱国主义动机

灾难、苦难、死亡地在国家和民族意识建构中扮演着重要的角色。这些国家重大历史事件，作为国家记忆和识别点，对于促进民族团结、国家认同具有重要的象征意义（Sharpley，2009；Tunbridge & Ashworth，1996；Winter，2009a）。爱国主义动机主要包括铭记灾难、痛苦、国家历史，纪念灾难事件、受难同胞，了解抗灾、抗争的英雄事迹。对于一些种族灭绝有关的灾难纪念地，更明显的动机是源于公民责任感或道德义务。例如，Cheal et al.（2013）、Hyde & Harman（2011）认为，澳大利亚人去第一次世界大战加里波利战场，不是想要感受大规模的死亡，而是受到强烈的民族主义、爱国主义驱动，那是民族诞生的地方。沈苏彦等（2014）、方叶林等（2013）研究了游客前往侵华日军南京大屠杀遇难同胞纪念馆的动机，认为牢记国家历史、延续民族记忆、铭记遇难同胞是参观者的责任和义务。

个人遗产旅游动机

不难发现，许多灾难纪念地涉及灾难事件亲历者及他们的后裔。与个人有着重要联系的重返灾难地的旅游活动也被称为个人遗产旅游（Graham & Howard，2008）。个人遗产旅游的动机包括个人或家族寻根、纪念故人。例如 Kidron（2013）研究了以色列后裔家庭到大屠杀暴行地寻根游，家长与子女共同出现在大屠杀暴行现场，向孩子介绍家庭身份，以增进子女对于家族历史的了解。而个人遗产旅游的另一种动机是创伤治疗。灾难事件带来的负面、可怕、伤痛记忆具有共享性，需要宣泄和彼此抚慰，而灾难纪念地提供了一个相对安全的伤感抒发与宣泄的氛围空间（Halbwachs，1992）。集中营中幸存的犹太人重返自己的家园（Kidron，2013），恐怖袭击遇难者的后代和目击者前往"9·11"纪念地（Sturken，2007），汶川地震后居民返回地震遗址（Yan et al.，2016）等都包含了伤痛治疗的心理。而类似源于个人与灾难事件、灾难纪念地的密切联系的旅游动机也受到越来越多学者的关注（Light，2017）。

　　对灾难与死亡的好奇动机

　　对灾难与死亡的好奇包括对灾难事件的好奇、冒险心理，想要接触死亡、灾难相关的表演，见证著名的灾难发生地。灾难纪念地在很多方面区别于普通休闲旅游地，会激发游客对于地方的好奇，甚至到暴力冲突、自然灾难地参观的游客还存在一种冒险心态。Ashworth（2008）认为游客的好奇心绝大多数与了解过去事件及其造成的后果有关，而不是对那里发生死亡的特定兴趣。例如，Rittichainuwat（2008）认为泰国普吉岛海啸后游客到访的动机是出于对灾难后果、灾难造成地方改变的好奇心，而不是窥探当地死亡。游客还对灾难、死亡相关的模拟场景和表演感兴趣。Podoshen et al.（2015）以美国洛杉矶模拟曼森家族谋杀案的游戏、瑞士洛荣的"地狱之夜"音乐节、瑞士格鲁斯耶的 H. G. Giger 博物馆等虚拟死亡场景和表演为案例地，研究了灾难美学、死亡模拟、情绪感染对少数游客的吸引力。相对来说，人们因为渴望遇到灾难死亡等特定的兴趣，可能是相当罕见，并局限于边缘活动和兴趣类型（Seaton，1999）。

　　休闲旅游动机

　　许多灾难纪念地涉及优美的自然风光、便利的服务设施，这些目的地出游也包含了一些休闲动机。例如，Ryan & Kohli（2006）认为新西兰蒂怀罗阿埋葬村,虽然涉及战争纪念地,但游客到此主要是出于对便利的设施、自然与风景等的需要。其他动机还包括参与有组织的行程,而灾难纪念地是行程中一部分(Brown,2016),以及打发时间(Hyde & Harman,2011)。相对来说,被休闲旅游驱动的游客在灾难纪念地旅游中占小部分。

2. 灾难纪念地旅游体验

随着灾难纪念地研究重心从供给端向消费端转移,越来越多的实证研究关注游客在灾难纪念地参观过程中的思考、感受、行为等。Johnston et al.(2013)认为聚焦于游客体验而非动机,更有助于了解灾难纪念地旅游行为的本质,因为游客体验研究可以提供整合供需的视角(Biran & Poria,2012)。Packer & Ballantyne(2016)提出十种游客体验,包括身体、感觉、恢复、自省、变形、享乐、情感、关系、精神和认知等,其中的很多体验在灾难纪念地旅游实证中得到检验。我们根据在 Web of Science 检索到的关键词为 experience 的 20 篇实证文章,以及在 CNKI 检索到的关于灾难纪念地旅游体验、黑色旅游体验的2 篇实证研究,结合 Packer & Ballantyne(2016)关于旅游体验的维度,将旅游体验归纳为认知、情感、连接、内省等四方面(见表 2-6)。

表 2-6 灾难纪念地旅游体验分类、学者与案例地

体验		学者	案例地
认知体验	对灾难事件的理解与学习,获取知识、受到教育	Biran et al. (2011);Dunkley et al. (2011);Kang et al. (2012);Miles (2014);Qian et al. (2017);Ryan & Kohli (2006);Tang (2014);Winter (2009b);Yan et al. (2016);Yankovska & Hannam(2014);Zhang et al. (2016)	大屠杀(奥斯威辛集中营、侵华日军南京大屠杀遇难同胞纪念馆)、战地(索姆河-伊普尔)、博物馆(济州4·3和平纪念馆、墨尔本纪念堂)、战地(英国卡洛登、班诺克本、博斯沃思、黑斯廷斯)、自然灾难地(北川老县城地震遗址、汶川地震后的四川)、核爆炸地(切尔诺贝利)、墓地(新西兰蒂怀罗阿埋葬村)

续表

体验		学者	案例地
情感体验	哀悼、缅怀、同情	Biran et al.（2011）；Kidron（2013）；Qian et al.（2017）；Tang（2014）；Yan et al.（2016）；Yankovska & Hannam（2014）	大屠杀（奥斯威辛集中营、侵华日军南京大屠杀遇难同胞纪念馆）、灾难地（北川老县城地震遗址、汶川地震后的四川）、核爆炸地（切尔诺贝利）
	痛苦、悲伤	Kidron(2013)；Miles(2014)；Mowatt & Chancellor（2011）；Nawijn & Fricke（2013）；Nawijn et al.（2016）；Qian et al.（2017）；Tang（2014）；Winter（2009b）；Zhang et al.（2016）	战地（英国系列战地）、奴隶地（加纳海岸角城堡）、大屠杀（奥斯威辛集中营、侵华日军南京大屠杀遇难同胞纪念馆）、自然灾难地（北川老县城地震遗址、汶川地震后的四川）、博物馆（墨尔本纪念堂）
	愤怒、厌恶、可耻	Mowatt & Chancellor（2011）；Nawijn & Fricke(2013)；Nawijn et al.(2016)	奴隶地（加纳海岸角城堡）、大屠杀（奥斯威辛集中营、侵华日军南京大屠杀遇难同胞纪念馆）
	震惊、恐惧	Miles(2014)；Nawijn & Fricke(2013)；Nawijn et al.（2016）；Tang（2014）；Yankovska & Hannam（2014）；Zhang et al.（2016）	战地（英国卡洛登、班诺克本、博斯沃思、黑斯廷斯）、大屠杀（奥斯威辛集中营、侵华日军南京大屠杀遇难同胞纪念馆）、核爆炸地（切尔诺贝利）
	爱、希望、骄傲、感激	Miles(2014)；Nawijn & Fricke(2013)；Nawijn et al.(2016)；Winter（2009b）	战地（英国卡洛登、班诺克本、博斯沃思、黑斯廷斯）、大屠杀（奥斯威辛集中营）、博物馆（墨尔本纪念堂）
连接体验	记忆唤起	Kang et al.（2012）；Qian et al.（2017）；Tang（2014）	博物馆（济州4·3和平纪念馆）、自然灾难地（北川老县城地震遗址、汶川地震后的四川）
	身份认同、国家认同	Biran et al.（2011）；Kidron（2013）；Tinson et al.（2015）；Winter（2009b）	大屠杀（奥斯威辛集中营、侵华日军南京大屠杀遇难同胞纪念馆）、博物馆（美国哈利法克斯大西洋海事博物馆、"9·11"国家博物馆）

续表

	体验	学者	案例地
连接体验	宣泄、治愈	Kang et al.（2012）；Kidron（2013）	博物馆（济州 4·3 和平纪念馆）、大屠杀（奥斯威辛集中营）
	个人纪念	Dunkley et al.（2011）	战地（索姆河-伊普尔）
内省体验	生与死相关启发	Miles（2014）；Mowatt & Chancellor（2011）；Tang（2014）；Yan et al.（2016）	战地（英国卡洛登、班诺克本、博斯沃思、黑斯廷斯）、奴隶地（加纳海岸角城堡）、自然灾难地（震后四川、北川老县城地震遗址）
	道德与行为反思	Thurnell-Read（2009）	大屠杀（奥斯威辛集中营）

认知体验

认知体验主要是了解灾难事件、学习相关历史、获得教育等。许多游客前往灾难纪念地获得了对灾难事件更好的认知和理解（Biran et al.，2011；Dunkley et al.，2011；Kang et al. 2012；Miles，2014；Qian et al.，2017；Ryan & Kohli，2006；Tang，2014；Winter，2009b；Yan et al.，2016；Yankovska & Hannam，2014；Zhang et al.，2016），而认知体验几乎涵盖灾难纪念地所有类型。

情感体验

相当多研究关注游客在灾难、死亡地的情感体验。最常见的情感是对灾难事件遇难者的哀悼、缅怀、同情（Biran et al.，2011；Kidron，2013；Qian et al.，2017；Tang，2014；Yan et al.，2016；Yankovska & Hannam，2014），对于灾难事件产生死难与创伤后果表示痛苦、悲伤（Kidron，2013；Miles，2014；Mowatt & Chancellor，2011；Nawijn & Fricke，2013；Nawijin et al.，2016；Qian et al.，2017；Tang，2014；Winter，2009b；Zhang et al.，2016）。奴隶遭迫害地、大屠杀地让游客对暴力屠杀行为以及施暴者产生厌恶、排斥、愤怒等情绪（Mowatt & Chancellor，2011；Nawijn & Fricke，2013；Nawijin et al.，2016）；大规模自然灾害死亡地和人为迫害地让游客产生震惊、恐惧、可怕等心理（Miles，2014；Nawijn & Fricke，2013；Nawijn et al.，2016；Tang，2014；Yankovska &

Hannam,2014;Zhang et al.,2016)。相对来说,灾难纪念地激发游客的负面情绪占绝大多数。然而,情绪反应既可以是负面的,也可以是积极、正面的。一些战地型灾难纪念地可以刺激民族自豪感,引发骄傲、希望等感受(Miles,2014;Winter,2009a);哪怕是最黑暗的大屠杀集中营,也能让游客体会到困难时期的爱、希望等美好感受(Nawijn & Fricke,2013;Nawijn et al.,2016)。

连接体验

灾难纪念地访客中包含一部分与灾难事件、灾难地有密切联系的群体,包括灾难事件的亲历者、遇难者或受灾者家属、朋友等。这些特殊群体的参观过程使得个人与灾难纪念地形成紧密连接:事件亲历者唤起灾难记忆(Kang et al.,2012;Qian et al.,2017;Tang,2014),遇难者家属在纪念、缅怀的环境中得到情绪的宣泄与创伤的治疗(Kang et al.,2012;Kidron,2013),大屠杀的犹太人后裔、奴隶迫害者后裔在寻根过程中产生一种身份认同(Biran et al.,2011;Kidron,2013;Tinson et al.,2015;Winter,2009b)。尽管灾难事件相关群体在灾难纪念地是相对较小的群体,然而这类边缘群体是灾难纪念地建设初期的重要受益群体和利益群体,他们的体验相对较少被关注。

内省体验

Stone(2012)认为游客通过灾难纪念地了解历史事件,产生丰富的情感体验,并通过遇见他人的死亡,产生自己关于生与死的思考(Miles,2014;Mowatt & Chancellor,2011;Tang,2014;Yan et al.,2016),并反思自己的道德和行为(Thurnell-Read,2009)。从这种意义上来说,一些研究者(Lee et al.,2012;Stone,2013;Podoshen et al.,2015)提出灾难纪念地的参观体验可以概念化为异托邦,它带来正常旅游或日常生活的异质性体验和不曾有的启发与反思。

3. 灾难纪念地旅游动机、体验、行为之间的关系

随着消费端定量实证研究的推进,一些研究开始从动机-体验视角验证优化游客体验的因素(Kang et al.,2012;Tinson et al.,2015;Yan et al.,2016;Tang,2014),以及从体验-行为视角挖掘提高地方满意度、地方保护水平、重游率的因素(Nawijn & Fricke,2013;Zhang et al.,2016;Qian et al.,2017)。

灾难纪念地旅游动机与体验的关系

Kang et al. (2012)以韩国济州4·3和平纪念馆、纪念公园为例,定量研究了旅游动机、环境、感受、获益等维度之间的关系,发现学习、责任、好奇心等动机与认知体验、情感体验高度相关,认知、情感体验又与增长知识、家庭团结、旅行意义、欣慰等获益感存在相关关系。Tinson et al. (2015)以美国系列重大历史事件纪念馆为案例地,研究了游客动机、体验之间的关系,构建了理解动机、纪念馆体验对于民族认同的影响模型。Yan et al.(2016)以北川老县城地震遗址为案例地,用结构方程模型验证了旅游动机-体验的关系,发现教育动机对道德体验有显著正向影响,好奇心对道德、教育、知识、个人体验等方面均有显著正向影响,休闲动机对道德体验有显著负面影响。

灾难纪念地旅游体验与行为关系

Nawijn & Fricke(2013)以德国汉堡诺因加默集中营纪念馆为例,定量研究了旅游情感体验与游客重游意愿、正面口碑的关系,发现震惊和悲伤这类负面情绪相对于积极情绪而言,对游客的长期行为意向作用更大。Zhang et al.(2016)以侵华日军南京大屠杀遇难同胞纪念馆为例,用结构方程模型验证过去旅游经历(认知、情感体验)对重游意向的影响。结果显示,认知经历(历史、教育、秩序、服务)对重游意向有显著正向影响,负面情感体验(恐惧、悲伤、震惊、压抑等)对于重游意向影响不显著。Qian et al.(2017)以北川老县城地震遗址为例,用结构方程模型检验了体验与行为意愿之间的关系,发现认知、情感对地方保护行为意愿有直接与间接影响,地方满意在认知、情感与地方行为保护意愿间起着中介作用。

尽管以上系列定量实证研究从一定程度上揭示了黑色旅游动机、体验、行为之间的关系,但由于灾难纪念地旅游活动涉及动机、体验、行为维度和广泛内容,需要更多的实证案例揭示更多维度之间的关系,例如个人遗产动机与旅游体验的关系,个人连接、内省式体验与游后行为各维度之间的关系也亟待探索。同时,此类机制研究绝大部分借鉴"动机—感知—获益"模型和"认知—情感—行为"模型,尽管大众旅游中的经典模型已被证明在灾难纪念地语境下具备可用性,考虑到灾难纪念地特殊性、游客群体的异质性及旅游体验的复杂性,需要更多的理论借鉴和模型使用,从供给-需求结合的角度更好地揭示灾难纪念地旅游活动展开的游客内在心理机制。

4. 灾难纪念地旅游者类型及差异

Winter（2009a）认为需求视角下灾难纪念地的实证研究中，游客是重要而被忽视的变量。一方面，灾难纪念地旅游者并不是匀质群体和被动受教育者，相关研究忽视了个体间存在差别，特别是个体对灾难事件、历史背景、灾难知识的熟悉程度，这些均影响游客现场的感知和体验（Wight & Lennon，2007）。另一方面，存在着大量与灾难事件、灾难地紧密联系的群体，包括灾难事件的经历者、见证者、受灾和受迫害者，他们对灾难纪念地的态度、感知、诉求、行为等需要被深入了解（Kidron，2013；Biran et al.，2011）。

Dolnicar（2004）提出旅游研究中游客分类的两种方法。一种是后验法，即采用调查分析技术，根据游客反映出的动机、态度、价值、行为，找出具有相似性的游客群体。另一种是先验法，即根据游客群体的人口或地理特征，如年龄、性别、国籍或居住国，探讨他们旅游动机、态度、价值、行为的差异。现有实证研究中灾难纪念地旅游者分类大部分是基于后验法（Ryan & Kohli，2006；Winter，2009b；Biran et al.，2011；Ryan & Hsu，2011）。例如：Biran et al.（2011）以波兰奥斯威辛集中营为例，采用问卷调查方法获取游客动机、地方解读、获益的差异，通过聚类分析将游客分为三种不同类型，第一种视灾难纪念地为个人遗产，第二种不将其视为个人遗产地，第三种为两者兼有。Ryan & Hsu（2011）研究了游客对于台湾九二一地震教育园区的重要性和满意度评价，通过聚类分析把游客分为四大类：认为其是知识获取地、必游之地以及极大兴趣者、没有兴趣者。Hyde & Harman（2011）认为这种基于采样统计的游客后验分类的缺点在于缺乏容易识别的人口学特征，在灾难纪念地管理实践中很难操作。

同时，不少学者通过与灾难事件、灾难地的不同关联程度来区别旅游者类型和差异。Lennon & Foley（1999）提出了两种类型的灾难纪念地游客：具有特殊兴趣或与灾难事件有关联的游客，以及那些大多数的普通游客。Biran et al.（2011）认为与灾难事件没有关联的普通游客参观灾难纪念地可以视为休闲活动。另一类与灾难纪念地有联系的游客，当纪念地承载着个人重要意义时，他们的参观超越一般休闲活动，是寻找个人意义的过程。Winter（2009b）将战地、战争纪念地参观者分成朝圣者和普通游客，并认为朝圣者是战后纪念地的主要受众群体，通常是退伍军人以及丧失亲人、寻找家人和朋友遇难地或墓地的人。Marschall(2012b、2015b)将灾难纪念地游客分为个人遗产旅游者和普通游客,认为需要特别重视灾难幸存者和创伤性事件目击者的回访活动,包括战争老兵重返战场、集中营中幸存的犹太人重返家园、恐怖袭击爆炸现场遇难者后代和目击者前往"9·11"纪念地、卡特里娜飓风幸存者返回新奥尔良等,这些群体与灾难纪念地往往有着复杂的情感联系,他们的回访往往带着故地怀旧、家庭团聚、纪念祭奠、创伤治疗等更为复杂的动机。Stone(2012)从代际记忆差异角度,细分了与灾难事件相关联的群体,认为:第一代记忆群体是与事件、地方、人直接相关的个人,例如"9·11"恐怖袭击事件和纽约世贸中心遗址、地面零点是第一代人的记忆;第二代记忆群体是灾难事件亲历者后裔,例如波兰奥斯威辛集中营幸存者的大屠杀记忆会影响他们的儿女;第三代及以后的记忆群体,更多是通过历史叙述的方式获取记忆的群体,他们对灾难事件与灾难纪念地相对陌生。这些群体的代际差异影响他们前往灾难纪念地的动机、体验、行为等。某种程度上,这种基于灾难事件、灾难地关联程度来区分游客类型的研究,属于游客分类中的先验法。尽管从先验角度提出灾难纪念地旅游者分类的理论较多,然而鲜有研究从实证角度验证这些分类背后真实的游客态度、观念、感知、行为等差异。

(五)研究述评

1. 灾难纪念地旅游是蓬勃发展而"年轻"的研究领域,期待更多跨学科研究揭示灾难纪念地人与地方之间的复杂关系

灾难纪念地逐渐成为当代流行的文化景观(Stone & Sharpley,2008),与之相关的研究也蓬勃发展。大量研究从灾难地、黑色旅游资源分类与开发,灾难纪念地旅游、黑色旅游产品的供给与管理,以及旅游者动机、体验等视角讨论这一现象。尽管灾难纪念地及黑色旅游研究获得越来越多的学术关心,但其仍然是一个"年轻"的领域,相关研究仍然处于理论建构、现象研究初期,更多局限于旅游学视角。Stone(2012、2013)认为到灾难、暴行、死亡相关地方的旅游行为提供了观察社会、文化、地理、人类、政治、管理和历史等广泛领域的一面透镜,相关研究要放在更广阔的社会文化背景下,借鉴跨学科的理论,来理解灾难纪念地、黑色旅游这一复杂现象。从地理学视角,灾难纪念地承载着人类灾难、死亡、暴力、创伤等负面历史,其物质空间建构是一个历史和集体记忆选择的过

程,体现了特定的政治和权力关系,而参观过程是人类面向过去、面对死亡、映射个人与地方之间矛盾情感经历和人生思考的复杂体验过程。从参观者地方建构视角,研究灾难纪念地利益相关群体,探讨其物质空间与景观对不同游客群体体验的影响,以及游客对于灾难纪念地的地方建构,以揭示人与地方之间负面、矛盾的经历与体验,是相对欠缺而富有挑战的研究前沿。

2.灾难纪念地旅游体验是相关研究的核心与趋势,亟待更多理论和量化模型揭示这一现象的本质

随着灾难纪念地旅游研究从供给视角转向需求视角,以及供给-需求融合的研究趋势,灾难纪念地的旅游体验逐渐成为研究焦点,也被认为是揭示黑色旅游本质的核心问题(Stone,2012)。尽管相当多的理论和实证研究揭示了灾难纪念地旅游感知、黑色旅游体验,但这种涉及灾难、痛苦、死亡等负面特征旅游地的游客体验维度研究仍然不够深入,更多游客内省、连接和精神体验的维度和内容亟待被挖掘(Packer & Ballantyne,2016;Johnston et al.,2013)。同时,不少案例实证从"动机—感知—获益"(Tang,2014;Yan et al.,2016)、"体验—行为"(Lee,2016;Qian et al.,2017)、"认知—情感—行为"(Zhang et al.,2016)角度,来阐释灾难纪念地旅游感知、黑色旅游体验的前因后果。但该类型研究是借用大众旅游体验的模型,相关过程忽视了灾难纪念地旅游体验背后人与地方复杂的经历与矛盾。Light(2017)认为,需要更多理论借鉴和更细微的模型来揭示灾难纪念地属性与不同游客群体之间复杂的人地关系。

3.灾难纪念地游客群体差异需要深入研究,灾难事件与灾难地亲历者的经历和体验亟待研究

相比灾难纪念地分类与属性,探讨旅游者属性和差异的研究相对较少(Stone,2006;Biran et al.,2011)。实证研究较多是从动机、感知、态度、行为差异角度进行游客分类,这种基于采样统计聚类分析的后验分类,缺点在于很难在灾难纪念地管理实践中操作,更难以有效区分真正与灾难事件、灾难纪念地有紧密关联的利益群体(Hyde & Harman,2011)。灾难事件见证者、经历者、受难者以及灾难地曾经的居住者,他们是灾难纪念地的重要受众和回访者(Sharpley,2009;Biran et al.,2011),他们的地方经历和体验是重要而相对被忽视的(Stone,2012)。Winter(2009b)认为,需要全面探索灾难纪念地及黑色

旅游在大众(普通游客)以及小众(灾难事件关联者)中的影响。这两类群体的地方态度、感知、行为等存在的差异与差异程度,亟待被深入探究。

二、地理学视角下的集体记忆研究

(一)集体记忆理论缘起与研究概况

1. 理论源起与概念

集体记忆用来描述那些群体共享和形成的记忆(Halbwachs,1992)。Hoelscher & Alderman(2004)认为集体记忆是与现代性相媲美的概念,是一种从未来转向过去的视角,是近年来西方学术界涌现的奇特文化现象和研究热点。概念的提出可追溯至法国社会历史学家哈布凡赫,他认为集体记忆不仅是一个心理概念,更是一种社会建构。哈布凡赫编著的《福音书中圣地传奇地形学》中关于场所与记忆的观点,被引用在《记忆地形学》中,引发建筑、规划、地理学界的广泛重视(杰罗姆,2012)。20世纪80年代,法国历史学家Nora(1989)关注集体记忆与纪念历史,提出记忆场所概念,研究了承载集体记忆、国家认同的地理符号和物质空间;美国社会学家Connerton(1989)提出集体记忆的身体性,并将该理论引入传统习俗、演艺与纪念仪式等研究(钱莉莉等,2015)。后期学者在前人基础上,将集体记忆研究与地方(空间)、景观、仪式、旅游、灾后恢复等相联系,案例集中在历史遗产、城市公共空间、灾难纪念地等。

集体记忆研究具有跨学科性,概念界定尚无统一定论。Halbwachs(1992)认为集体记忆是一种社会建构,是特定社会群体成员共享往事的过程和结果。Hutton(1993)认为集体记忆是一个复杂的社会系统,社会群体共同的价值、观念、态度、习俗等构成想象维度,通过共享的意象形成了集体记忆。Connerton(1989)从微观角度指出集体记忆包含认知、情感、行为维度,认为集体记忆植根于人、机构、地方。Fentress et al.(1992)强调集体记忆的选择性与遗忘性,认为环境在这一过程中具有重要作用。源于集体记忆的各种术语包括社会记忆(social memory)、公共记忆(public memory)、历史记忆(historical memory)、文化记忆(cultural memory)、国家记忆(national memory)、官方记忆(official memory)、乡土记忆(vernacular memory)等(钱莉莉等,2015)。尽管各种记忆术语在内涵和使用语境上有一定差别,但也存在一定相通之处。在时间上,都是从现在指向过去;在记忆主体上,都有群体性特征,即群体共有、共感、共享的记忆;在记忆的建构上,其传承、选择、遗忘、变迁都受到社会因素(权力、话语)的影响(艾娟,2010)。相对来说,集体记忆这一概念外延更宽泛,涵盖更广,研究中使用也更多。

因本书涉及特定研究视角、研究对象,因此将官方记忆、乡土/民间记忆概念进行如下辨析。

不管是官方记忆还是乡土/民间记忆,都是集体记忆的子概念。Osborne(2001)认为官方记忆代表了政府、社会领导阶级,为了一致的政治议程,为了社会团结和保持现有机构的连续性、人民的忠诚度而进行的记忆建构活动。某种意义上,国家记忆是一种官方记忆,它融汇时间和空间,包含记忆的选择和遗忘机制,控制了过去的解释,合成和简化了差异与潜在的矛盾叙事(Marschall,2010)。乡土/民间记忆表现为一系列多元化、不断变化的利益,捍卫者是大量的普通人民大众,他们从本地小规模社区尺度,守护自己对事件亲身经历和自身对过去的解读,而不是基于一个想象的大的民族共同体(Osborne,2001)。

由于官方记忆、乡土/民间记忆代表不同的记忆群体及其利益诉求,两者往往存在着差异和竞争,因此有必要区分官方记忆与乡土/民间记忆。以此为指引,研究灾难纪念地所提供"大"的官方叙述,以及参观受众"小"的乡土/民间记忆的关系,显得尤为必要。与灾难事件更贴近的利益亲近者会产生个人叙述,补充和丰富官方叙述;相反,游客在一些时候,将官方记忆仅作为一个个人回忆、反思的起点,是一种权威自我回忆或表现。Rowe et al.(2002)认为,尽管灾难纪念地、纪念馆等作为文化领导者、社会精英的官方记忆叙事凌驾于乡土/民间记忆叙事之上,但在更包容和开放的社会背景下,有责任邀请灾难事件一手记忆群体在心理和叙事空间上进行对话,提供官方记忆的个人化意义。

2. 文献统计视角的集体记忆研究概况

我们在 Web of Science 核心数据库以关键词 collective memory、public memory 或者 social memory 进行检索,发现截至 2018 年 6 月 15 日共有论文22499 篇,其中地理类论文 340 篇。我们对这 340 篇记忆地理的论文进行统计研究,发现国外地理学集体记忆研究始于 1993 年,2002 年以后呈现快速发展趋势,年均发文 10 篇左右,2008 年后年均发文 20 篇以上,主要发表在 *Social*

Cultural Geography(33 篇)、*Environment and Planning D Society Space*(27 篇)、*Journal of Historical Geography*(26 篇)、*Cultural Geographies*(21 篇)、*Space and Culture*(17 篇)、*Transactions of The Institute of British Geographers*(16 篇)等地理学杂志(见图 2-4)。

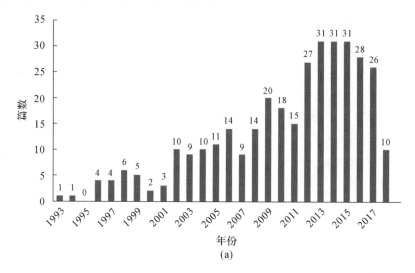

(a)

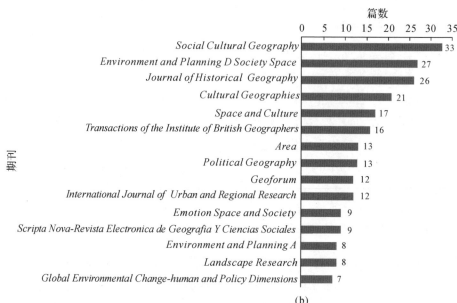

(b)

图 2-4　国外集体记忆研究趋势

我们使用 Citespace 软件对这 340 篇文章的关键词进行词频、共现分析(见

表 2-7、图 2-5），可以发现主题集中在：①集体记忆与地方、空间、景观，以高频关键词 place、space、landscape、public space 为代表；②集体记忆政治性、身份认同，以高频关键词 politics、national identity、race 为代表；③集体记忆与纪念（仪式/景观），涉及高频关键词 monument、commemoration、remembrance、nostalgia 等；④集体记忆与灾难恢复，涉及高频关键词 disaster、resilience、vulnerability、conservaton 等。同时，关键词词频统计显示，memory 一词使用频率远高于 collective memory、social memory 等。也许是因为 collective memory 的衍生词很多，且这些词在使用上仍存在争议，而 memory 的使用则避免了潜在的学术争议。

表 2-7　地理学视角下集体记忆研究关键词词频

序号	关键词	频次	序号	关键词	频次
1	memory	131	21	heritage	10
2	geograph	73	22	culture	10
3	place	59	23	reflection	8
4	landscape	56	24	mobility	8
5	politics	52	25	commemoration	8
6	space	43	26	Singapore	7
7	identity	41	27	experience	7
8	city	31	28	disaster	7
9	history	23	29	war	7
10	monument	21	30	home	7
11	community	16	31	narrative	7
12	gender	14	32	public memory	7
13	nostalgia	13	33	street name	7
14	national identity	12	34	emotion	7
15	social memory	12	35	polic	6
16	resilience	12	36	historical geography	6
17	collective memory	11	37	violence	6
18	migration	10	38	remembrance	6
19	race	10	39	vulnerability	6
20	public space	10	40	conservation	6

注：截取关键词词频 5 以上的结果。

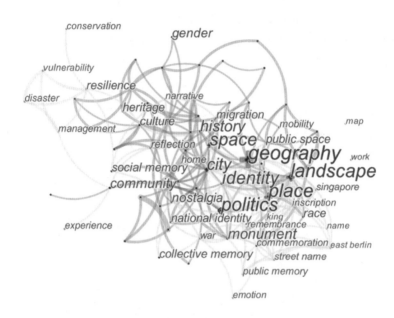

图 2-5 Web of Science 核心库集体记忆相关文章关键词词频与共现分析

(二)集体记忆与地方、空间、景观

集体记忆与地方、空间、景观紧密联系，是反映地方(空间、景观)意象、意涵的关键要素，在构建地方感、地方认同方面起着重要作用(Withers，2005)。一方面，地方是集体记忆的重要载体，具有物化、保存、唤起和组织记忆的功能；另一方面，集体记忆具有空间建构性，通过记忆可以建构地方意象，产生地方认知与情感，建立深层次的人地关系。地方是不同社会群体建构记忆的角逐场，集体记忆的空间建构包含着竞争、协商、调和的复杂过程，体现了地方的政治和权力话语。同时，地方分为不同尺度，大到国家尺度，尺度如城镇、社区，小尺度如博物馆、纪念碑等单体景观。不同尺度的地方所折射的集体记忆及背后的关系亦有所差异，因此本书从不同尺度的地理空间来回顾集体记忆与地方(空间、景观)之间的关系。

1. 国家记忆与象征空间

宏观尺度的集体记忆研究关注国家背景下的重大历史事件、民族身份、国家认同的地理空间和记忆。在国家层面，集体记忆被认为是历史的来源，是支撑过去延续的重要因素,有助于国民铭记历史,凝聚民心。在国家形象建构中,集体记忆被视为想象的共同体,让国民建构公共身份,产生归属感(Muzaini & Yeoh,2005)。Nora(1989)研究了法国集体记忆与象征国家身份认同的地理符号、物质空间。Winter(2009a)以南非、澳大利亚、加拿大等为例,研究了这些诞生于战争的年轻国家如何选择集体记忆并利用战争景观构建国家认同。Jordan (2006)探讨了二战后柏林的背景以及集体记忆对国家重建的作用。尽管国家层面的集体记忆通常代表了统治阶级、社会精英的利益诉求,包含记忆的选择与遗忘机制,为了社会团结以及一致性的社会目标和政治议程(Osborne,2001),但也存在社会群体对国家记忆和象征空间的抗争过程。Hamzah(2013)以马来西亚金宝绿脊保护为例,研究从下而上的集体记忆建构过程,发现了乡土记忆转化为国家记忆及象征空间的路径。Martin & Storr (2012)认为,记忆空间存在协商与妥协,以巴拿马首都承载国家集体记忆的主干街道弯街为例,研究了不同种族、不同社会阶层和利益团体对于发生在弯街的国家暴力与节庆事件的集体记忆,发现国家象征空间体现了不同社会群体记忆的竞争与协商,而通过调解冲突,国家更能凝聚民心。

2.城乡记忆与公共空间

在城市、乡村、社区层面,集体记忆与公共空间(历史街区、街道、生活空间、生产空间)紧密相关,被建筑、规划及地理学家广为关注。Rossi et al. (1982)最早将城市与集体记忆联系在一起,并提出城市记忆(urban memory)的概念,认为城市记忆由居住在其中的人们对城市空间和物质实体的记忆构成。基于此,不少学者从空间角度研究了城市记忆的形态和要素。例如:朱蓉(2005)研究了城市记忆的形态,将其分为体化要素(身体实践与仪式)、场化要素(围合、尺度、层级结构)、景要素(数量、特征、序列位置)、综合要素(整体感知、运动速度、活动内容)、符号化要素(地名、类型、地标)等。周晓冬、任娟(2009)以天津第五大道为例,研究了组成城市记忆的空间、景观、综合感知、社会关系等要素。李王鸣等(2010)以杭州历史街区小营巷为例,将城市记忆系统分为记忆者、记忆途径和记忆支撑基质。汪芳等(2012)认为城市特色是城市记忆的构成源泉,特色街巷、建筑、商业形态是城市记忆的重要组成。周玮等(2016)以南京夫子庙为例,研究了居民对夫子庙地区的集体记忆空间。林琳、曾永辉(2017)认为集体记忆的空间要素分为自然景观要素与人文景观要素,通过对旧水坑村村民集体记忆的调查,研究了记忆空间要素的更替趋势,发现自然景观要素记忆被人们逐渐淡忘,而人们对以传统祠堂祭祀为代表的人文空间的记忆根深蒂固,对现代休闲娱乐空间的记忆持续加强。同时,不少学者关注集体记忆在城市更新、新空间创造中的作用。Ardakani & Oloonabadi(2011)认为唤起原住民对于地方的集体记忆能增强他们的地方认同和依恋感,若是集体记忆被忽视或遗忘,地方可能会失去原有的社会文化活力,因此集体记忆在历史文化名城保护中扮演着重要角色。Blunt(2003)认为集体记忆蕴含了地方怀旧与认同,而这种地方怀旧元素体现在盎格鲁-印度人重建家园的过程中。Alptekin(2017)认为校园记忆是学生保存和维护个体与物理空间、情感互动的依托,研究了土耳其埃斯基谢希尔奥斯曼加齐学生的校园记忆空间,发现宗教建筑、图书馆等被认为是重要的象征空间,寓意着历史与知识构成校园记忆的物质支撑。Alderman & Inwood(2013)认为,城市空间更新亦体现在名称及其承载的集体记忆更新上。Alderman & Inwood(2013)、Inwood(2009)等研究了美国南部为纪念马丁·路德·金而进行的街道、公园重命名现象,认为城市空间名称的更新唤起了黑人抗争的历史记忆,从而树立了黑人的社会地位。此外,一些学者关注城乡工业空间、废弃空间背后的集体记忆建构(Alice,2010)。Meier(2013)研究德国巴伐利亚州废弃工厂所唤起的前金属工人的工作记忆及其基于工作的地方感。Tim(2005)关注旧工业车间、仓库、桥下、涵洞等城市废弃空间,认为这些空间与官方空间和商业空间建构的集体记忆存在差异,唤起的记忆是零碎、片段,甚至是灵异的,在一定范围内挑战了社会现有秩序和集体记忆。

3. 集体记忆与景观

从20世纪20年代索绪尔将"景观"一词引入地理学,其概念内涵、研究范畴被不断定义。景观被定义成人类文化与自然环境之间作用的关系,一种看待和反映世界的方式,反映和再现社会精英的价值观与规范的社会意识形态,以及一种可以用符号学原理解读、具有转化与再生产功能的社会文本(Daniels,1992)。尽管景观的概念界定不一,但物质景观研究范畴主要包括象征、标志性空间景观、世俗景观(Osborne,2001)。集体记忆被认为是研究物质景观、人与景观关系的新视角。物化的集体记忆景观研究对象主要包括纪念景观(纪念馆,纪念碑)、战地景观(战场遗址、博物馆)、恐怖景观(墓地、废墟)、日常景观(怀旧景观、生活景观、工业景观)等(钱莉莉等,2015)。承载两次世界大战记忆的战地和纪念景观,以及铭记重大历史事件的记忆景观,其背后的历史文化解读引发广泛关注。"9·11"国家纪念园和博物馆的规划体现了对遇难者的纪念哀悼,创造了幸存者创伤治愈环境和普通大众的灾难沉思空间,传递了复兴和希望(Forest,2012)。汉堡和平纪念景观征集参观者控诉法西斯的签名(Seaton,2000)。重大事件的遗址及纪念景观对于保留国家历史记忆、提供公共哀悼空间、治疗集体创伤、传承新一代集体记忆具有重要的作用(Dwyer,2000)。然而,记忆景观背后往往有着多样化的利益群体,存在着复杂的竞争-协商关系。Till(1996)比较了德国历史博物馆和恐怖地形博物馆,揭示了景观叙事所折射的复杂利益主体关系。Hoskins(2004)探讨了美国天使岛移民站从地方纪念景观升级为国家纪念景观,其景观叙事和旅游讲解的变化。Cook & Riemsdijk(2014)以德国柏林街头的艺术作品 Stolpersteine(标记大屠杀遇难者信息的纪念石)为例,研究了个人、家庭、学校等非政府机构如何建构影响政府和当下人民的历史文化景观,以发现非官方记忆建构过程中情感的重要作用。Antonova & Grunt (2017)从个体角度探讨游客、居民对纪念景观的解读,以俄罗斯叶卡捷琳堡的古迹、纪念碑为例,发现不同纪念景观在城市环境中发挥着不同功能(意识形态、审美、传递价值等),一些有效传递了集体记忆和价值,一些只是停留在城市地图上的普通景点。

(三)集体记忆与仪式、旅游

1. 集体记忆与仪式

集体记忆与仪式紧密相关。Halbwachs(1992)认为,一段记忆被集体接受,意味着按照公众设计的流程被保留,并在固定的场所空间、时间节庆,被特定的身体姿势与语言结构操演,以防止集体遗忘。Connerton(1989)认为社会以仪式、庆典、演出、纪念等形式强化集体记忆,个人通过仪式活动的宏大叙事,产生集体自传感,连接自己与地方、历史,形成集体身份与认同。例如,为了铭记国家抗争史与民族创伤而设计的战争纪念仪式,包括第一次、二次世界大战的纪念仪式,如佩戴红色罂粟花、诵读、游行和朝圣,比利时伊普尔每晚 8 点吹响的战争号角,门宁门纪念仪式回忆牺牲的英雄(Winter, 2009a)。Hoelscher & Alderman(2004)认为,仪式分为自上而下的官方形式和自下而上的民间形式,呼唤仪式研究关注个体记忆建构,包括官方仪式的个体感知、记忆唤起,个体参与的非官方仪式及集体记忆建构等。侍非等（2015）探讨了南京大学自上而下的校庆仪式、纪念物建设工程对校友集体记忆、象征空间、地方认同的影响机制。Jenkings et al.（2012）关注自发、临时的纪念仪式，以英国巴塞特·伍顿村（Bassett Wootton）为例，研究了自下而上的悼念阿富汗战争牺牲士兵遗体回归仪式如何发展成全国性的哀悼纪念活动。Connerton（1989）强调身体和仪式是记忆的重要载体，以及记忆如何通过日常实践中的身体活动传承和延续。兼顾个体记忆及其身体层面非表征的记忆地理研究也逐渐得到关注（黄维等，2016）。Sletto（2014）认为语言、行动是身体记忆的表征，关注身体记忆表征、认同形成、景观的社会建构之间的关系，以委内瑞拉佩里贾山脉托拉莫的YukPa社区为例，研究了当地居民如何通过身体记忆维护当地资源、领土权利。

2. 集体记忆与旅游

城市公共空间、象征空间、纪念景观、博物馆、仪式表演等集体记忆载体是重要的旅游资源。Winter（2009a）认为，记忆空间、景观的受众除了市民还包含游客，随着拥有第一代记忆的历史事件见证者、遇难者及其家属的离世，集体记忆的受众逐渐转向第二、三代记忆与历史事件无联系的个人。从这个角度来说，普通游客是记忆景观的最大受众，这意味着旅游参与了当下集体记忆的建构，并在记忆解读、传承方面扮演着重要角色（Digance，2003）。第一、二次世界大战是全世界的灾难，相关的战地遗址、博物馆、纪念景观等被游客广泛关注。Seaton（1999）以滑铁卢战地为例，研究了游客视角下战争景观恢复和集体记忆的构建途径。Winter（2009b）研究了游客对墨尔本纪念堂传统景观与新纪念景观的集体记忆和感知体验差别，显示了集体记忆景观的复杂性。李彦辉、朱竑（2013）以黄埔军校旧址参观为例，研究了游客对军事景观的解读、集体记忆及国家认同。Kidron（2013）研究了以色列后裔家庭到大屠杀暴行地的旅游体验，发现旅游过程实现了大屠杀记忆的转移，家长与子女共同出现在纪念地，受害者的记忆、情绪影响到后代的情感以及认同。徐克帅（2016）提出了红色旅游地记忆符号研究框架，认为红色旅游地各种空间、景观、物质和非物质吸引物构成符号，红色吸引物背后的重大事件及其价值构成符号的能指。目的地通过动态的符号选择、展现和重演机制，向参观者传递信息以实现集体记忆的传递。

不少研究以历史空间、建筑古迹为例，研究了游客的空间感知与集体记忆。

汪芳等(2012)以北京历史街区南锣鼓巷为例,研究了游客对城市记忆的认知规律,发现特色建筑、名人信息是城市记忆高感知因素。孔翔、卓方勇(2017)以徽州呈坎古村为例,研究了文化景观所唤起和建构的居民及游客集体记忆,发现居民的集体记忆是在长期地方生活实践和交流中形成的,这种基于地方的集体记忆是提高地方感的重要因素,而游客的集体记忆是基于历史建筑、景观、各类文本信息形成的,并影响其旅游满意度。集体记忆的载体不局限于有形的物质空间与景观,还包括虚构的文学作品。Delyser (2015a)认为虚构的记忆能够映射在实体空间之上,研究了基于虚构小说《雷蒙娜》中的地方如何建设成各类旅游景点,并唤起游客关于蕾梦娜的集体记忆,同时又研究了关于蕾梦娜的旅游纪念品在塑造社会集体记忆过程中的文化和政治作用(Delyser, 2015b)。Sabine(2012)认为童年对卡通动画的记忆是成年后前往主题乐园的动机,并以迪士尼乐园为例,研究了动漫主题乐园如何唤起一代游客群体的儿时集体回忆。

(四)集体记忆与灾后恢复

集体记忆理论与研究具有跨学科的特点,灾害研究领域将其引入作为探究灾后人地关系、灾后恢复的新视角。集体记忆是存储地方形态、意涵的积极因素,在灾后地方保护和重建中发挥重要作用。虽然灾难摧毁人们熟悉的环境,而那些破坏的景观建筑可以从集体记忆中重新找到位置和形态(Halbwachs,1992)。通过居民的集体记忆及承载记忆的地形图、老照片、地方志,美国特拉华州居民回忆起二战以前的乡村社区、社会活动以及消失的景观(Walsh,2007)。Till(2012)以受战争影响的城市波哥大、开普敦、柏林等为例,认为基于地方伦理关怀的记忆工程是重构城市空间的核心。Blaž(2009)研究了自然灾害及人类抗灾经历通过口述、书写、建筑、纪念物等形式被社会记忆保存的地理过程及个人因素在记忆景观形成中的作用。McEwen et al. (2017)强调"可交流的集体记忆",即通过居民亲身的灾难经历、灾难纪念景观、媒体记忆等多种形式,形成可传播与可传承的灾难集体记忆,作为一种应对灾难的预警机制。

不少研究从微观个人角度研究灾后记忆,以反映灾后人地关系。Simpson & Corbridge(2006)从创伤视角揭示了印度普杰地震后的集体记忆与灾后重建。Morrice(2013)研究了美国卡特里娜飓风后当地居民的集体记忆与情感体验,指出灾难造成地方破坏,形成创伤景观,不断催化和影响集体记忆,失去感和怀旧感交替作用于灾后居民。Recuber(2012)以"9·11"恐怖袭击和卡特里娜飓风为例研究了互联网上的集体记忆，认为网民自发的悼文及纪念内容组成数字化的集体记忆，引发大规模人群参与，是一种群体性的情感宣泄和创伤治疗方式。微观视角下，集体记忆植根于人、机构、地方，由知识、技能、经历组成(Hoelscher & Alderman,2004)。Davidson(2010)认为人们根据先前接触到的事物以及经历，进行学习和调整，通过共享知识和经验，集体记忆不断更新。Wilson(2013)研究了2010年新西兰基督城居民的地震经历及集体记忆，发现灾难的集体经历积累成抗灾知识，形成危机反应，以应对新的突发灾难。唐弘久、张捷(2013)揭示了汶川地震后居民集体记忆建构特征，发现社会交流、媒体宣传、生活场景、事件记载是集体记忆的重要来源。

（五）研究述评

1. 研究视角以宏观、官方为主，个人视角下集体记忆景观的乡土性、情感性研究有待加强

文化地理学家长期致力于集体记忆与地方（空间、景观）的研究，即地理空间如何转变为承载集体意义和认同的地方。然而，绝大多数学者从宏观、官方视角，关注国家象征空间、公共纪念碑、博物馆、纪念馆、街道命名等，局限于制度化、政策化的集体记忆及其物化过程(Sabine,2012)。同时，不少学者从竞争-协商角度探讨了记忆空间、景观、仪式背后的政治性、权力话语，揭示了影响集体记忆建构的利益群体与社会阶层因素(Hoskins,2004;Martin & Storr,2012;Hamzah,2013;Cook & Riemsdijk,2014)，特别关注自下而上、非官方的集体记忆及其物质载体的建构过程(Hamzah,2013;Cook & Riemsdijk,2014)。然而，相关研究忽视了集体记忆背后的个人特征，即记忆的乡土性、情感性。尽管有一些研究从公众感知的视角探讨了城市公共空间、生活空间、工业废墟、历史遗产所唤起的个人记忆、情感及不同群体建构的集体记忆(Tim,2005;Alice,2010;Meier,2013)，更有一些研究关注灾难背景下的集体创伤与地方怀旧记忆(Morrice,2013;Recuber,2012;Wilson,2013)。然而，微观视角下集体记忆的研究框架与途径仍然不明。一方面，个人被认为是集体记忆的重要载体，个人记忆是集体记忆的重要来源与组成，包含认知、情感、观念、行为等方面，以及复杂的识记、保持、回忆、再认等过程。另一方面，集体记忆涉及复杂

的社会意识传统,有别于简单的个体记忆叠加(Fentress & Wickham,1992),需要一个更广泛的视角加以讨论。Winter(2009a)认为在微观层面的集体记忆研究中,两种观点都需要考虑。随着集体记忆研究视角和对象的转换,微观个人视角下集体记忆的维度和建构途径,以及宏观记忆空间、景观对个人、群体记忆的影响有待深入研究。

2. 研究方法以定性为主,定量等综合方法有待应用

集体记忆研究的跨学科性,使得心理学、历史学、人类学、社会学、政治学等研究方法不断被引入,以丰富地理学研究方法,例如心理学的自传体回忆法,历史学的口述史法,人类学的深描法、景观符号学研究等。资料获取方面重视地方志、档案、报刊、媒体材料,配合老照片、地形图、视频等,以及参与式观察、访谈、问卷等以挖掘群体的集体记忆。资料分析方面主要运用扎根理论、文本分析、编码等进行质性研究,以案例分析等定性研究为主,量化研究较少。尽管在城市记忆领域出现了一些结合空间认知理论、认知地图、GIS 可视化等方法研究城市记忆空间要素的定量研究(周晓冬、任娟,2009;李王鸣等,2010;汪芳等,2012;周玮、黄震方,2016;林琳、曾永辉,2017;Alptekin,2017),但相关研究局限于基础空间要素的量化统计,并未挖掘影响群体层面集体记忆的前因后果,以及集体记忆与地方、空间、景观之间复杂矛盾的关系。

由于集体记忆涉及的研究内容较广,单一学科的方法难以满足不同研究对象与内容的需要,亟待综合多学科的方法,以更好地揭示现象背后的本质。结合本书涉及的灾难遗址、纪念景观、博物馆等历史记忆、官方记忆的解读,可以借鉴景观符号分析、文本解读、文献分析等方法,涉及不同受灾群体、不同利益群体基于地方复杂的集体记忆(经历)研究可以借鉴相关研究中的质性研究法。然而,灾后不同群体的集体记忆与地方感、地方建构之间的关系,因涉及维度探讨、多重变量、机制研究,急需定性和定量相结合的综合性研究方法。

3. 国内研究对象相对单一,探索不同类型案例地的实证研究有待加强

西方地理学界对集体记忆的研究始于 20 世纪 90 年代,研究成果逐年增加。相比于西方地理学界掀起的"记忆热"、"记忆回归"等研究热潮,国内集体记忆研究仍处于起步状态与概念引入阶段,研究对象主要集中于城市空间、历史街区等,以城市记忆形态、要素研究较多,研究对象、内容与案例类型较为单

一。集体记忆与个人、时间、空间密不可分,是地理学研究人地关系的新视角,借鉴西方人文地理关于集体记忆与景观政治性、国家认同、地方恢复、遗产旅游等视角,结合我国国情与地理情况,探索不同类型案例地的实证研究有待加强。特别是结合汶川地震这一重大灾难事件,从集体记忆视角反映灾后人地关系,以及灾难纪念地集体记忆与地方建构的研究,目前几乎处于空白阶段,是未来国内研究的方向。

三、地方建构理论与灾难纪念地建构相关研究

(一)地方建构理论

1.地方概念

地方(place)作为地理学关键词之一,一直以来都在关于人与地域、人与环境的学术探索中占据着重要位置。地方可以是任何尺度、形态,并可以通过文化和社会观念来建构和差异化。Agnew & Duncan(1989)区分了地方的三要素,即位置、区域和地方感。其认为:位置是一个地方所占有的绝对和相对的物理空间;区域是物质功能在一个地方的存在,包括建筑物、道路、古迹、当地的动植物等;地方感是个人对地方的感觉结构,受个人生活史、价值观,以及个人与地方的互动影响。Tuan(1977)、Relph(1976)从现象学角度,强调人对地方的感觉,认为地方不仅是一种地理现象,还是个人经历不可磨灭的一部分,如果缺少这部分经验,个人很难自我建构和解释。这种经验包括地方知觉、地方记忆、地方意象、地方感等。Breakwell(1999)认为,地方是个人和社会意义的载体。随着女性主义地理学和新文化地理学兴起,地方的理解从个人意识、人类主体转换到权力等级、社会关系视角,从种族、性别、阶级身份角度阐释地方意义。地方也没有绝对的意义,地方意义是可争议和可变的,地方是一个变化的过程(Pred,1984)。

众多地方研究的学术流派中,人本主义、人与地方的情感连接系列研究最具代表性。20世纪70年代,以段义孚为代表的人本主义地理学者将"地方"引入人文地理学研究后,从恋地情节(topophilia)到大地虔诚(geopiety),地方所体现的是人在情感上与地方之间的一种深切的连接,是一种经过文化与社会改

造的特殊人地关系。Charis & Thomas（2012）对 Tuan（1977）、Relph（1976）地方学术思想发展而来的相关研究进行分析统计（见图 2-6），发现研究内容涉及行为（behaivor）、身体（body）、情感（emotion）、感知（perception）、记忆（memory）、定位（orientation）、精神（spirituality）、意义（meaning）、价值（value）、文化（culture）、社会性（sociality）等，研究术语涉及地方感（sence of place）、地方依靠（place dependence）、地方依恋（place attachment）、地方认同（place identity）、地方意象（place image）、地方意义（place meaning）、地方满意（place satisfaction）、场所精神（place spirit）等。相关研究以人与地方之间正面、积极关系为主，人与地方之间负面、矛盾关系的相关研究相对较少，尚未形成人与地方负面关系的研究分类，研究局限在人与地方分离情景，如脱离社会关系（dissociation）、隔离（isolation）、外部性（outsideness）、疏远（alienation）、无家可归（homelessness）等，以负面情感体验，如分离感（feeling of detachment）、无归属感（not belonging）、恐惧（frightening）、焦虑（anxiety）、悲伤（sadness）、孤独（loneliness）等。

2. 地方建构理论

从建构主义角度，地方可以看成是一个不断被建构的过程，积极参与历史偶然进程的人们都是地方的构建者（Pred，1984）。特定时代背景下，人们通过投资兴建物理实质上的地方空间，所有的社会生活是区域化和被区域化的（Brenda & Lily，1996）。Wright（2009）认为建构的地方不局限于这里和现在的位置，还包括存在于模拟和图像记录中的过去经历与记忆，地方往往是由不同重叠的图像和解释嵌套构成的，人们可以通过共享的地方意象和意义（感受）形成心理上的地方。Goss（1988）认为，一方面，地方建构阐明了规划师、建筑师、管理者、政治家、开发商等权力阶层在社会建构中推进国家政治、目标意图、消费主义和其他意识形态，另一方面，地方也是日常使用中的多维空间，被日常使用者在既定环境下的各种语言中不断地读和写。从这个角度来讲，环境与生命、运动和个人活动有着千丝万缕的联系。因此，集体经验可以唤起和组织记忆、图像、感情、情绪、意义和想象力（Walter，1988）。新文化地理学空间转向的研究思潮有别于传统地理学强调实体空间要素、结构、形态等的建构与组合，而是以人为本，将人对空间的记忆、想象、感知、情感等考虑在内，关注个人主观意象上的空间建构，以及人与地方在功能、情

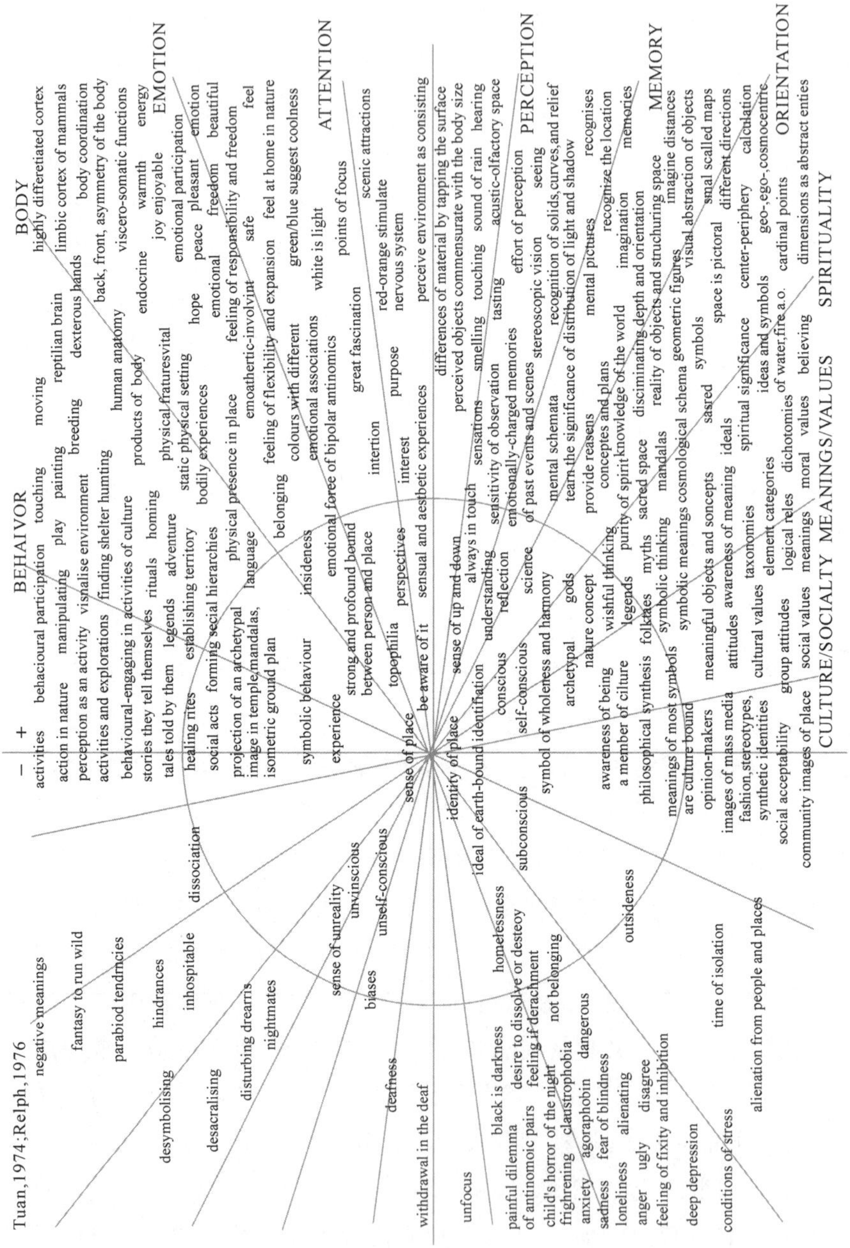

BEHAVIOR

BODY

EMOTION

ATTENTION

PERCEPTION

MEMORY

ORIENTATION

SPIRITUALITY

CULTURE/SOCIALTY MEANINGS/VALUES

Tuan, 1974; Relph, 1976

图 2-6 由地方学术思想发展而来的相关研究（Charis & Thomas, 2012）

感、意义上的联系。本书借鉴相关研究,特别是 Wright(2009)的地方建构理论(见图 2-7),认为地方建构主要体现在以下两个层次:①地方是物理实体、场所、位置,从这个意义上说,建构是权力角逐关系。②地方是人的感知过程,包含地方感,从这个意义上说,建构是地方意象、地方感(认知、情感、意义)。

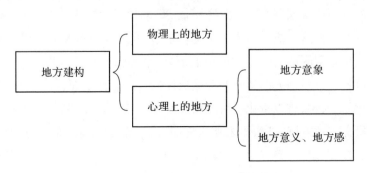

图 2-7 Wright(2009)的地方建构理论

(二)地方意象

从环境心理、心理地理角度,意象(mental image)是环境反射到大脑的一幅图像,是基于个人感知、情感、态度、观念等对环境的一种建构,表现为像(image)、形(graph)或图式(schema),具有可读性、空间结构性、意涵等特征(鲁学军等,1999)。意象是获取地方集体记忆空间的一种重要方法(李凡等,2010),以感知主体基于感知和记忆构建地方的心理地图(mental map)。地方意象的研究关注意象类型、构成要素、影响因素和空间认知过程等(冯维波、黄光宇,2006),关注城市、古镇、街区、旅游目的地等不同空间尺度和地理特征的地方,大量研究从本地居民、外地游客等探讨不同感知主体的地方意象(李雪铭、李建宏,2006;Richards & Wilson,2004;周永博等,2011;赵渺希等,2014;Barbora et al.,2014)。Appleyard(1970)提出了意象地图的四种类型,包括段、链、支环、网等空间形态,并将空间主导型地图分为散点、马赛克、连接和格局等四种类型。Golledge(1978)将城市居民心理地图随时间变化分为三个阶段,分别为连接发展阶段、邻里描绘阶段和等级秩序阶段。Lynch(1960)对波士顿、泽西城、洛杉矶三个城市进行分析,提出城市意象的五种构成元素,即道路、边界、区域、节点、地标。Hillier et al.(1993)和 Penn(2003)认为空间句法(space syntax)是基于空间认知来解构城市空间的方法,在预测城市与建筑环境中的人类空间行为方面具有重要价值,并提出了轴线、凸多边形和视区三种基本的空间表示方法。Naidoo(2015)采用记忆地图的方式,调查了约翰内斯堡索菲亚镇居民对于郊区的记忆空间开发的认知、意见。

(三)地方感

地方感理论源起于20世纪70年代,Tuan(1977)提出了"人与物质环境的情感纽带",并将这一概念引入人文地理学中,其成为揭示人地关系的重要理论与视角。地理空间如何变成群体功能依靠、个人情感连接和有意义的地方,以及这一过程中人对地方的感知和感受成为研究焦点。早期研究认为,地方感高度现象化、个人化、难以量化。后期借鉴心理测量学,很多学者尝试对地方感进行量化研究。地方感维度、量表被广泛探讨,与之相关的概念(维度)包括地方依赖、地方认同、地方意义、满意度、归属感、安全感、邻里关系、社会联系、地方适应性、社区情感、环境健康等(盛婷婷、杨钊,2015)。不同地方物理背景下,地方感研究的侧重点亦有所不同。城市尺度居民(移民)地方感的研究,普遍使用地方依赖、地方依恋、地方认同三个维度;社区尺度下,地方感更多被划分为社区归属感、社区情感、邻里关系、安全感等;旅游地尺度的,研究游客的地方感更侧重于地方满意度、地方依恋等。

灾难事件剥夺了个体对居住环境的功能性依靠,带来的创伤和负面情感严重削弱受灾者的地方依恋(Wright,2009),灾难背景下研究居民对灾难发生地的地方感,本书更侧重地方认同。灾难事件使得地方功能发生巨大转变,地方由居住地变成灾难纪念地,吸引了成千上万的游客。灾难纪念地区别于普通大众旅游地,游客产生的负面情感居多,难以产生积极的依附感,游客反而可能因恐惧而选择逃离(Zheng et al.,2018)。灾难纪念地能带给游客历史和科普知识、道德规训、生死反思等获益性体验(Yan et al.,2016),因此,灾难纪念地背景下研究游客的地方感,本书更侧重于地方满意。

1. 地方认同

Proshansky(1978)最早提出地方认同的概念,认为地方认同是根据自我和物理环境之间的认识连接,通过人们有意识和无意识的观点、信念、偏好、感觉、价值观、目标,以及行为倾向和技能的复杂交互作用,确定与物理环境有关的个人认同。同时,Proshansky et al.(1983)指出地方认同具有五个功能:①再认功能;②意义功能;③需求功能;④调解改变功能;⑤焦虑防御功能。Korpela

(1989)认为,地方认同是对物理环境的一系列认知,个体通过积极地适应客观环境,追求自我一致性和自我表达。Hummon & Cuba(1993)认为,地方认同混合了个人和社会意义。Williams & Roggenbuck(1989)认为,地方认同是储存了个体经历、人际关系、情感的地方,对于人们的生活具有重要的象征意义。尽管学术界对地方认同的概念尚无统一定论,与之相似的概念包括地方感、地方依恋、地方依赖等。但普遍认为,地方认同作为地方感的维度之一,更侧重人与环境的认知关系,而地方依恋强调人对环境的情感性依附,地方依赖强调人对环境的物质性依靠。地方认同产生于地方依赖、地方依恋的基础之上,地方认同一旦建立会比前两者更加持久(朱竑、刘博,2011)。

正如地方是不断改变的过程(Pred,1984),地方认同也不会一成不变,会随着地方物理形态及社会环境改变而不断演变与重构。相关研究显示,灾难事件背景下居民的地方认同具有两面性。

一方面,灾难破坏居住环境,摧毁地方熟悉的景观,切断支撑群体的社会网络,打破个人与环境之间的舒适感、安全感(Wright,2009),使得个人迷失方向(disorientation)(Cox & Perry,2011)。Fullilove(1996)讨论了自然灾害、战争、暴乱、殖民化、饥饿等灾难事件致使个人脱离原来的家,即地方移置(displacement)的心理结果,认为灾难通过切断个人与地方的关系,摧毁了人们的地方依靠和归属,破坏了地方在个人心中的象征意义,截断了地方认同的连续性。Morrice(2013)认为损失是灾难的中心,不仅威胁到个人财产、生活方式、社交网络,而且威胁到自我感觉,严重削弱了地方认同。黄向、吴亚云(2013)认为,地方记忆是地方认同的基础,当环境面貌改变导致感知空间基点与地方记忆内容发生冲突,记忆失去空间寄托,情感无处安放,地方感(认同)会迷失和中断。

另一方面,地方认同被认为是一种内隐性的心理结构(Dixon & Durrheim,2004)。日常生活中,地方认同的重要性常被忽视是因为人们在某个地方的感觉、行为很少反映在意识中(庄春萍、张建新,2011)。但当地方物理形态发生改变,人与地方之间的联系受到威胁,地方认同就会变得明显。Milligan(1998)认为,地方认同是通过对特定地方反复作用并赋予意义而形成。灾难致使地方毁灭,人们会因为失去地方而突出此前依附于地方的意义。Chamlee-Wright & Storr(2009)研究了卡特里娜飓风对新奥尔良居民地方认同的影响,研究显示经历飓风灾难和长期流离失所,地方感从背景因素转化成重要的文化资源，地方认同更加强烈。

灾后居民的地方认同，被认为是反映灾后人地关系、地方恢复的重要指征。尽管不少研究关注灾难事件、地方毁灭、地方功能转换、迁居等背景下居民的地方认同，但大多数限于理论层面。有限的案例实证研究揭示了灾难背景下地方认同的多面性与复杂性。同时灾难背景下，地方认同更被当作一种结果对待，对其影响因素、途径缺乏探讨，更缺少系统的理论和研究框架来深入解释灾后地方认同的影响因素与机制。

2. 地方满意

地方满意通常被认为是地方满足个人基本需求的功利价值，是一种对于环境的多元综合评价，反映人们对于地方物理特征、服务、社会层面等需求的满足情况(Del Bosque & Martín, 2008)。地方满意是旅游、休闲、娱乐研究的热点，大量研究揭示了地方满意在感知价值、认知-情感、地方意象与地方行为之间扮演着中介作用，对于提升地方口碑、游客重游意愿、地方保护意愿方面起着积极作用(e. g. , Del Bosque & Martín, 2008; Žabkar et al. , 2010)。

然而灾难纪念地背景下，游客地方满意相关研究较少。Qian et al. (2017)认为，灾难纪念地游客的地方满意是对地方及参观过程中个人认知、情感体验的总体评价，即使负的情感体验也能产生正面的地方满意，揭示了地方满意与地方保护意愿之间的正向影响关系。Ryan & Hsu(2011)调查了游客对台湾九二一地震教育园区景观特征、服务、体验等的重要性-满意度。与满意度相似的概念有获益感，Biran et al. (2011)以奥斯威辛集中营为例，揭示了游客获益感由认知、情感和个人联系感等构成。Kang et al. (2012)以韩国济州4·3和平纪念馆、纪念公园为例，认为旅游获益感包括增长知识、家庭团结、旅行有意义、欣慰等，并验证了认知、情感体验与获益感的相关关系。灾难纪念地背景下相对有限的地方满意研究揭示了其地方满意对于旅游体验与后续行为效应的中介作用，其作为反映游客与灾难纪念地关系的指标起着重要作用。

(四)地方行为

Jorgensen & Stedman(2001)将地方定义为多层次的建构，包括：①个人与地方之间的信念；②个人关于地方的感受；③排他性的地方行为。从这个视角来说，地方行为是个人地方建构的重要反映，也是揭示人地关系的重要指征。

而地方行为意愿是地方行为的反映,在环境心理、人文地理领域被广泛研究。从现有文献角度,灾难事件、灾难纪念地、黑色旅游背景下居民的地方行为意愿研究主要涉及移民意愿(Kick et al.,2011)、地方重访意愿(Morrice,2013;Chamlee-Wright & Storr,2009)、地方保护意愿(Wright,2009;Zhang et al.,2014)、地方恢复(重建)意愿(Silver & Grek-Martin,2015;Parsizadeh et al.,2015),游客的地方行为意愿主要包括地方重访意愿(Zhang et al.,2016)、地方推荐意愿(Nawijn & Fricke,2013)、地方保护意愿(Qian et al.,2017)等。

考虑到案例地实际,本书选取反映居民、游客共同的地方行为特征,即地方重访意愿、地方保护意愿为研究对象,重点对两者进行理论梳理。

1.地方重访意愿

在旅游领域,地方重访意愿往往与地方推荐意愿联系,被称为忠诚度,对于地方发展、旅游可持续等具有重要作用(Chen & Chen,2010)。

灾难事件背景下,地方重访意愿与影响因素相对复杂。郑春晖等(2016)以侵华日军南京大屠杀遇难同胞纪念馆为例,将游客重访意愿、推荐意愿分成态度忠诚型、低重游低推荐型、态度和行为忠诚型,发现动机越强、限制越弱的情况下,游客重游和推荐意愿越强。Nawijn & Fricke(2013)以德国汉堡诺因加默集中营为案例,研究了游客的重游意愿与正面口碑,发现震惊和悲伤等负面情绪对游客的重访与推荐意愿具有积极作用。Zhang et al.(2016)以侵华日军南京大屠杀遇难同胞纪念馆为例,研究了游客的重访意愿,发现过去参观的认知体验对灾难纪念地的重访意愿具有积极影响,负面情感(恐惧、悲伤、震惊、压抑等)体验对重访意愿没有显著影响。Lee(2016)研究了位于我国台湾的中法战争遗址的游客重访意愿,发现游客认知对重访意愿有显著影响,而情感(好奇、平静)对游客地方重访意愿无显著影响。

同时,灾难事件移民、迁居背景下,也存在着大量地方重访现象。不少研究也关注了灾难事件背景下移居个体的地方重访行为,例如奥斯威辛集中营幸存的犹太人重返自己的家园(Kidron,2013)、战后移民重访故乡(Marschall,2015a)、恐怖袭击遇难者后代和目击者前往"9・11"国家纪念园和博物馆(Sturken,2007)等。还有研究揭示了相关群体的高频地方重访行为与意愿,而这一重访意愿及影响因素区别于普通游客的地方重访意愿。例如,Chamlee-Wright & Storr(2009)、Morrice(2013)以卡特里娜飓风为例,发现地方怀旧、地方认同是驱动居民重访故地的重要因素。

灾难纪念地重访意愿涉及不同类型的旅游群体，存在差异化的地方经历、感知与体验，无论是地方重访意愿还是其影响因素都相对复杂，需要更多的量化实证来揭示不同群体的灾难纪念地重访意愿特征及影响机制。

2.地方保护意愿

地方保护意愿是地方行为的重要维度，在自然资源与文化遗产保护领域被广泛研究（Swim et al.，2014；Haywantee et al.，2013；Ramkissoon et al.，2013；Stella et al.，2016；Ruijgrok，2006）。地方保护意愿一般是指游客对于自然、人文资源的保护意愿、亲环境行为、环保活动参与等，通过测量资源保护意愿（Swim et al.，2014）、环境友好活动参与度（Swim et al.，2014；Stella et al.，2016）、资源防护和恢复的支付意愿（Stella et al.，2016；Ruijgrok，2006）等反映。

灾难事件、灾难纪念地、黑色旅游背景下地方保护意愿的研究相对较少。Zhang et al.（2014）、Qian et al.（2017）发现了汶川地震后游客积极的地方保护意愿，并揭示了地方认同、地方满意对地方保护行为意愿有正向影响。如果将其放在受灾群体及灾后时空背景下，可以发现地方保护意愿相对复杂，地方保护意愿与地方感之间的关系尚不明确。例如，Silver & Grek-Martin（2015）以加拿大安大略农村社区龙卷风灾害为例，发现居民积极的地方感对长期的地方保护行为具有显著影响。Dominicis et al.（2015）研究了意大利罗马、维博瓦伦蒂亚等洪灾发生地，发现灾难风险高的社区，哪怕地方依恋强，地方保护行为意愿也低。Bird et al.（2011）研究了冰岛火山爆发后城乡居民的灾难应对行为，发现乡村居民地方依恋与灾后恢复和地方保护行为意愿呈负相关，认为个人知识水平、灾难风险感知均影响居民地方保护行为意愿。Bonaiuto et al.（2016）认为灾后迁居、移民意愿也是影响地方保护意愿的重要因素，空间上脱离受灾地削弱了居民地方保护与重建的意愿。

第三章 研究设计

一、案例地

2008年5月12日爆发的8.0级汶川大地震是我国乃至世界历史上破坏性最大的灾难之一,波及面积达50万平方公里,涵盖10个省份、417个县(市、区)、4667个乡(镇)、48810个村庄,造成69227人死亡,17923人失踪,1510余万人无家可归,直接经济损失超8451亿元(史培军、张欢,2013)。北川县位于四川省绵阳市,东接江油市,南邻安州区,西靠茂县,北抵松潘、平武县,面积约2868平方公里,是汶川大地震重灾区,全县15645人遇难,26916人受伤,4311人失踪(北川统计局,2011)。曲山镇位于V字形中低峡谷的河谷平坝,湔江穿城而过,四周高山围绕,特殊的地理位置使得其在地震及后续堰塞湖泄洪、暴雨泥石流等重大灾害中损失惨重。城区面积约0.7平方公里,共计3.6万户、20多万间房屋倒塌(北川统计局,2011)。考虑到重大的损失及潜在的受灾风险,国务院批准将县城迁址至23公里外,于黄土镇与安昌镇之间异地重建,取名永昌镇,意味着永远繁荣昌盛。

北川老县城是本次地震中破坏最严重、地震及其次生灾害特征最典型的遗址群,被专家认为是一座天然的地震博物馆,它完整记录了地震及其次生灾害,埋葬了数以万计的遇难同胞,保留了地震中人与灾难顽强抗争的过程,因此具有地震遗址博物馆与赈灾纪念地双重意义。《北川国家地震遗址博物馆策划与整体方案设计》将项目保护控制面积划为27平方公里,将老县城和任家坪纳入保护的核心区(余慧,2012)。老县城建成区规划为地震遗址保护区,面积约1.6平方公里,要求完整、全面地保护各类地震及灾害遗址、遗迹,突出遗址保护的真实性和完整性,且依据安全和可行的原则,有选择地开展遗址展示、科普科考、纪念凭吊活动。任家坪规划为抗震救灾纪念区,面积约0.3平方公里，以北川中学遗址为规划的中心，建设 5·12 汶川特大地震纪念馆，集中展示地震全过程，弘扬抗震救灾伟大精神，开展防灾减灾科普教育。北川老县城地震遗址经过近 3 年的灾害治理和保护，于 2010 年 5 月 9 日对外开放，同年接待 171 万名参观者。5·12 汶川特大地震纪念馆于 2013 年 5 月对外开放。

本书选取北川老县城地震遗址、5·12 汶川特大地震纪念馆为案例地的原因：其一在于北川老县城是汶川地震重灾区，北川是首个异地重建的县城，涉及大规模的受灾群体和灾后异地迁移群体；其二在于北川老县城是震后完整保留、规模最大的地震废墟，是汶川地震重要纪念地，每年吸引数以百万计海内外游客。以此为案例地，研究不同群体对于灾难纪念地的集体记忆与地方建构，具有典型性，对同类型地区具有借鉴意义。

二、数据获取

本书以北川老县城地震遗址（以及 5·12 汶川特大地震纪念馆）为案例地，研究官方视角下的灾难纪念地集体记忆与地方建构；以北川老县城居民为调查对象，研究以灾难事件亲身经历者为代表的一手记忆群体对灾难纪念地的集体记忆、地方建构及两者关系；以普通游客为调查对象，研究灾难事件二手记忆群体对灾难纪念地的集体记忆、地方建构及两者关系。本书采用定性与定量相结合的方法，调研分为四个阶段。

第一阶段，准备阶段。依托研究课题成立调查小组，调查小组由 8 人组成，其中 4 人为旅游地理博士研究生，4 人为硕士研究生。针对研究内容、访谈内容、问卷内容、调查方法等进行了系统培训。同时，为提高居民、游客对于调研的参与度，提前准备了纪念品。

第二阶段，定性了解案例地。实地考察北川老县城遗址、5·12 汶川特大地震纪念馆，搜集遗址景观信息，包括废墟景观、纪念景观、标识牌、横幅标语等，拍下重要遗址景观照片，绘制遗址空间现状平面图；搜集博物馆展陈信息，包括文字、图片、展品、场景，拍下重要展陈照片。查询官方媒体报道、5·12 汶川特大地震纪念馆官方网站，了解纪念仪式，补充实地考察不足。通过遗址景观分析、博物馆展陈分析、重要文字和照片的编码分析，总结归纳出官方视角下的集体记忆内容、特征与灾难纪念地建构。

　　第三阶段,开放式问卷调查与访谈。为了解地震纪念地唤起的居民集体记忆与地方感受,通过开放式问卷(见附录),让受访者填写其最难忘的地方、情感、经历、灾后行为等,并在地图上标记相关地点。采用便利抽样的方式,发放居民问卷 250 份,回收有效问卷 191 份,有效率为 76.4%。为深入挖掘唤起这些记忆及空间的原因,开展口述史访谈以了解受灾居民地震前生活经历、灾难经历、灾后恢复、地方感受等。在告知研究目的、内容并征求受访者同意后,在填写开放式问卷的受访者中挑选了 21 名典型样本(见附录)进行深入访谈。每次访谈持续 1 个小时以上,并进行相关记录。本次灾难事件经历者的访谈参考 Muzaini(2015)的访谈方式。访谈过程尊重受访者的记忆认知与情感体验,访谈后与受访者建立长期联系。绝大多数受访者表示诉说灾难经历让他们感觉更轻松,正如诉说与被倾听是一种创伤的治愈方式(Michael,1996)。为了解地震纪念地唤起的游客集体记忆与地方体验,通过开放式问卷(见附录),让其填写本次参观最难忘的地方、情感、经历等,并在地图上标记相关地点。同样采取便利抽样方式,发放游客问卷 200 份,回收有效问卷 165 份,有效率为 82.5%。本阶段调研于 2014 年 5 月在北川老县城地震遗址、5·12 汶川特大地震纪念馆、曲山镇任家坪安置小区、邓家村、擂鼓镇猫儿石村吉娜羌寨、永昌镇尔玛小区开展,其中在北川老县城地震遗址与 5·12 汶川特大地震纪念馆主要开展游客调查。

　　第四阶段,结构化问卷调查。基于第二、三阶段研究结果与文献资料研究,构建测量居民、游客参观地震纪念地后的集体记忆、地方感、地方功能、地方行为意愿的两份问卷(见附录)。问卷于 2015 年 5 月在北川老县城地震遗址、5·12 汶川特大地震纪念馆、曲山镇任家坪安置小区、邓家村、擂鼓镇猫儿石村吉娜羌寨、永昌镇尔玛小区发放,其中在北川老县城地震遗址与 5·12 汶川特大地震纪念馆主要开展游客调查。采用便利抽样方法,共发放居民问卷 400 份,剔除非本地居民填写、填写遗漏、不全等无效问卷,得到有效问卷 307 份,有效率达到 76.8%;发放游客问卷 400 份,剔除本地居民填写、漏写、不全等无效问卷,得到有效问卷 298 份,有效率达到 74.5%。

三、测量量表与样本特征

(一)居民测量量表与样本特征

1. 居民测量量表设计

在第二、三阶段质性研究及相关文献研究结果的基础上,编制居民对地震纪念地集体记忆与地方感受的测量量表。

对 191 份居民开放式问卷、21 份访谈资料进行质性分析。根据扎根理论,对材料进行开放式编码、轴心式编码、选择式编码,得到地方、集体记忆、地方感、地方行为等主题,其中集体记忆包含灾难记忆、抗灾记忆、怀旧记忆、创伤情感、积极情感、观念启示等维度,地方感(地方认同)包含植根性、独特性、重要性、情感依附等维度,地方行为包含地方保护、地方重访等维度(见表 3-1)。

居民集体记忆量表在参照第二、三阶段质性研究编码分析的基础上,借鉴灾难地居民记忆、情感、感受相关文献,如 Simpson & Corbridge(2006)关于印度普杰地震后的创伤记忆研究,Morrice(2013)对美国卡特里娜飓风后居民失去感和怀旧感的研究,Recuber(2012)关于"9·11"恐怖袭击和卡特里娜飓风后互联网上的创伤记忆与情感研究,Wilson(2013)关于 2010 年新西兰基督城居民的地震经历及集体记忆研究,以及 Coats & Ferguson(2013)关于新西兰基督城居民对于坎特伯雷地区灾难旅游感知等。集体记忆测量包含认知记忆题项(灾难记忆、抗灾记忆、怀旧记忆)、情感记忆题项(创伤情感)、观念启示题项。这里没有设计积极情感题项,主要原因在于该情感在受访者中表达较少,同时在现有文献中也很少出现。

地方功能感知测量主要借鉴 Tang (2014)、王晓华(2012)等公众对北川老县城地震遗址功能感知相关研究。相关研究显示,北川老县城地震遗址纪念地主要有科教、纪念、休闲观光等功能并带有游客恐惧感受。本书因此设计了相关测量题项。

表 3-1 居民开放式问卷与访谈编码分析

选择式编码	轴心式编码	开放式编码	对应原始资料示例
地方	灾难经历地	灾难发生地	北川中学、曲山小学、幼儿园、车站等
	日常生活地	日常生活地	家、十字路口、农贸市场等
集体记忆	灾难记忆	地震情景	地动山摇、山体垮塌、建筑坍塌等
		亲朋遇难	孩子遇难、同学遇难、亲人离开等
	抗灾记忆	抗震救援	死里逃生、相互救助、官兵救灾等
		灾后重建	"国家政策好,给我们建房子"
	怀旧记忆	怀念曾经生活	"怀念老家工作"、"留恋在老北川生活的日子"、"最好的时光在老北川"
		怀念曾经人事	"怀念故人"、"对往事的追忆"、"点点滴滴回忆起太多"
	创伤情感	悲伤	悲伤、难过、流泪、心酸、悲惨等
		恐惧	后怕、心慌、闹心、噩梦、恐怖等
		惋惜	惋惜、失落、惆怅等
	积极情感	快乐	快乐、开心、幸福等
		感激	感激、感恩等
		骄傲	骄傲等
	观念启示	珍惜生命	"看得开"、"过好以后每一天"、"更懂得生活"
		自然规律	"自然规律,没得办法"
		抗灾精神	"团结力量大"、"经历灾难更坚强"
地方感	地方认同	植根性	"从小就生长在这里"、"即使不安全,有这么大灾难,愿意住在这里"
		独特性	"山清水秀"、"环境好"、"气候好"、"人特别真诚"、"独一无二,不可替代"
		重要性	"一生中最重要的地方"
		情感依附	"还是老家好,有深厚感情"、"比起永昌,更喜欢老北川"
地方行为	地方保护	地方保护意愿	"希望遗址得到保护,让全国人民看看,北川人民在多么艰难的条件下活下来"
	地方重访	地方重访意愿	"经常回北川看看"、"回老北川祭奠亲人"

居民地方认同测量主要借鉴 Williams & Roggenbuck(1989)地方依恋量

表中的地方认同题项、Lalli（1992）的居住城市认同量表以及 Droselties &
Vignoles（2010）的地方认同量表，同时结合 Fullilove（1996）、Dixon &
Durrheim（2004）关于灾难事件背景下居民移置后的地方认同研究，Lewicka
（2008）关于战后地方认同的研究，Chamlee-Wright & Storr（2009）关于卡特里
娜飓风后的地方感研究，Silver & Grek-Martin（2015）关于加拿大安大略地区
F3 龙卷风后的地方感研究。

居民地方行为测量借鉴 Zhang et al.（2014）汶川地震九寨沟居民地方行为
测量题项，主要包括地方保护意愿与地方重访意愿测量。

整合前期调研质性分析结果与相关文献量表及研究结果，本书构建了北川
老县城居民集体记忆与地方感受的测量问卷。问卷由四部分组成：第一部分测
量认知记忆、情感记忆与观念启示 18 个题项；第二部分测量地方功能与地方认
同，15 个题项；第三部分测量地方行为，6 个题项；第四部分调查基本人口统计
信息和受灾程度，包括 7 个题项（见表 3-2）。问卷使用 5 点 Likert 量表（1＝完
全不记得/完全不同意、2＝不记得/不同意、3＝不清楚、4＝记得/同意、5＝记忆
深刻/非常同意）。

表 3-2 居民结构化调查问卷题项

构念	测量题项	来源
认知记忆	唤起熟悉的地方，居住、工作地等 唤起熟悉的亲人和朋友 唤起难忘的事情 唤起地动山摇的情景 唤起建筑坍塌的惨状 想起遇难和受伤的同胞 想起震时抢险救灾救死扶伤 想起抗灾全国各地帮助支持 想起震后遗址保护和家园建设 地震造成重大经济损失	第二、三阶段研究质性研究结果，以及 Simpson & Corbridge（2006）、Morrice（2013）、Recuber（2012）、Wilson（2013）
情感记忆	感到恐惧 感到悲伤 感到惋惜 带来心理阴影 带来身心创伤	第二、三阶段研究质性研究结果，以及 Recuber（2012）
观念启示	体会到"自然面前，人类渺小" 体会到"生命无常，珍爱生命" 体会到"灾难无情，人间有情"	第二、三阶段研究质性研究结果

续表

构念	测量题项	来源
地方功能	再现了地震灾害 展示了抗震救灾 是缅怀逝者的地方 是寄托哀思的地方 是怀念故土的地方 是恐惧的地方 是不吉利的地方 是休闲旅游的地方 是观光游览的地方	第二、三阶段研究质性研究结果,以及 Tang (2014)、王晓华(2012)等
地方认同	对我来说非常重要 有着深厚的感情 我的根在老北川 老北川是我精神的寄托 对我来说独一无二	第二、三阶段研究质性研究结果,以及 Williams & Roggenbuck(1989)、Lalli (1992)、Chamlee-Wright & Storr(2009)等
地方行为	会经常回来 会带亲朋来 会推荐给别人 希望地震遗址得到保护 愿意积极参加地震遗址保护 愿意为地震遗址保护捐款	第二、三阶段研究质性研究结果,以及 Zhang et al. (2014)

为确保问卷的科学性、合理性和可行性,我们事先进行专题小组讨论和专家审议,对问卷内容进行完善和优化,接着进行小范围的预调研,对问卷中表达不清、语义模糊的题项进行修改。

2. 居民样本特征

对 307 份居民样本的描述性分析(见表 3-3)显示,男性受访者占 48.5%,女性占 51.5%,20—49 岁受访者占 75.6%,初中、高中(中专)、大专及以上的受访者占 80.8%。可见样本男女比例、年龄结构、文化程度分布较为均衡。在北川老县城居住 10 年以上的样本占 66.1%,可见大多数受访者都具有较长时间的当地生活经历。76.2% 的受访者在地震中有亲朋遇难,26.7% 有身体受伤,69.0% 有较多及以上财产损失,可见地震对当地居民产生了深刻的影响。

3. 量表信度与效度

就科学性而言,一个测度工具(量表)应该具有足够的信度(reliability)和效度(validity)。

表 3-3　居民结构化问卷样本人口统计学特征与受灾程度($N=307$)

项目		样本量	项目		样本量
性别	男	149(48.5%)	居住年限	5 年及以下	61(19.9%)
	女	158(51.5%)		6～10 年	43(14.0%)
年龄	19 岁及以下	13(4.2%)		11～20 年	84(27.4%)
	20—29 岁	57(18.6%)		21～30 年	40(13.0%)
	30—39 岁	78(25.4%)		30 年以上	79(25.7%)
	40—49 岁	97(31.6%)	亲朋遇难	有	234(76.2%)
	50—59 岁	39(12.7%)		无	73(23.8%)
	60 岁及以上	23(7.5%)	身体受伤	有	82(26.7%)
文化程度	小学及以下	59(19.2%)		无	225(73.3%)
	初中	111(36.2%)	财产损失	没有	20(6.5%)
	高中(中专)	89(29.0%)		极少	14(4.6%)
	大专及以上	48(15.6%)		一般	61(19.9%)
				较多	67(21.8%)
				严重	145(47.2%)

信度是指测量工具的可靠性。量表对相同或类似样本进行多次测量,所得结果应具有稳定性与一致性(荣泰生,2009)。Likert 量表常用的信度检验为 Cronbach's α。Cronbach's $\alpha \geqslant 0.8$,表示信度非常好;$0.8 > \alpha \geqslant 0.7$,表示信度相当好;$0.7 > \alpha \geqslant 0.65$,表示可以接受;$\alpha < 0.65$,表示不能接受(Devellis,1991)。本书使用 SPSS 21 软件对 307 份居民问卷进行信度检验。38 个测量题项的 Cronbach's α 值为 0.893,说明量表整体具有非常好的信度。

效度是指测量工具所能够准确测量到的变量属性的程度,分为内容效度(content validity)和结构效度(constructive validity)。内容效度是指测量内容的适当性和相符性,内容效度的判定主要靠研究者和专家。居民地震纪念地集体记忆与地方感受的量表通过先期调研编码分析居民观点,结合国内外相关文献研究结果,并经过课题组内部专家评议,因此具有相对较高的内容效度。结构效度是指量表能否准确地测度构念的内容和概念,通常可以通过探索性因子分析(EFA),萃取公因子,考察这些公因子是否具有理论的合理性。本书使用 SPSS 21 软件对 307 份居民问卷进行效度分析,得到 KMO 值为 0.842(>

0.8),Bartlett's 球形度检验近似卡方值为 9135.930(p=0.000),达到因子分析条件,表明该问卷结构效度较高。

(二)游客测量量表与样本特征

1. 游客测量量表设计

我们在第二、三阶段质性研究及相关文献研究结果基础上,编制游客量表。

我们对 165 份游客开放式问卷进行质性分析。根据扎根理论原理,对材料进行开放式编码、轴心式编码、选择式编码,得到地方、集体记忆、地方感、地方行为等主题,其中地方包含灾难地、纪念地两个维度,集体记忆包含灾难记忆认知、抗灾记忆认知、负面情感、积极情感、观念启示等维度,地方感(地方满意)包含获益感、情感体验感等维度,地方行为(地方保护)包含地方保护意愿(见表 3-4)。

游客集体记忆量表参照第二、三阶段质性研究编码分析结果,同时借鉴灾难纪念地旅游、黑色旅游体验相关研究(Biran et al. ,2011;Dunkley et al. ,2011;Kang et al. ,2012;Miles,2014;Mowatt & Chancellor,2011;Nawijn & Fricke,2013;Tang,2014),设计测量量表。集体记忆测量包含认知记忆题项(灾难记忆、抗灾记忆、灾难认知)、情感记忆题项(负面情感)、观念启示题项。这里没有设计积极情感题项,主要原因在于该情感在受访者中表达较少,同时在现有文献中也很少出现。

地方功能感知测量借鉴 Tang (2014)、王晓华(2012)等公众对北川老县城地震遗址功能感知相关研究。相关研究显示,北川老县城地震遗址主要有科教地功能、纪念地功能、旅游(休闲观光)地功能和恐惧地功能。本书因此设计了相关测量题项。

地方满意主要参照游客开放问卷编码结果,同时借鉴 Kang et al. (2012)、Tang(2014)关于灾难纪念地及黑色旅游参观获益感的测量题项。

地方行为亦是参照开放编码结果,同时借鉴了 Zhang et al. (2014)灾难旅游地地方保护意愿量表。尽管游客在开放式问卷调研时未曾提到重访意愿,但考虑到这是地方行为的重要组成,也为了对比居民的重访意愿,故本书设计了相关测量题项。

表 3-4　游客开放式问卷编码分析

选择式编码	轴心式编码	开放式编码	对应原始资料示例
地方	灾难地	灾难发生地	北川老县城、北川中学、茅坝、曲山小学、派出所等
	纪念地	纪念地/物	遇难者公墓、红旗、篮球架、横幅等
集体记忆	灾难记忆/认知	地震灾难	山体垮塌、建筑坍塌、学校夷为平地、破坏力强
		同胞遇难	祖国花朵，未绽先夭折；年轻生命早逝
	抗灾记忆/认知	抗震救援	死里逃生、顽强求生、官兵救灾、全国人民支持
		灾后重建	党的领导和强大的祖国，快速灾后保护与重建
	负面情感	悲伤	悲伤、难受、悲痛、沉痛、痛心、哭泣等
		恐惧	恐惧、可怕、闹心、恐怖等
		惋惜	惋惜、可惜、同情等
		怀念	缅怀、怀念等
	积极情感	感恩	感恩、感动等
		骄傲	骄傲等
	观念启示	珍惜生命	"生命脆弱，珍爱生命"、"生命无常，珍惜现在"
		自然规律	"大自然的力量是无限的"、"敬畏自然"
		抗灾精神	"一方有难，八方支援"、"强大的祖国"、"人间大爱"
地方感	地方满意	获益感	"高度象征意义"、"有教育意义"、"参观非常有意义"
		情感体验感	"深受感动"、"体验特别深刻"、"难以忘记"
地方行为	地方保护	地方保护意愿	"希望遗址一直存在"、"多投资，加大保护力度"

　　游客测量问卷由四部分组成：第一部分测量认知记忆、情感记忆与观念启示 15 个题项；第二部分测量地方功能与地方满意，13 个题项；第三部分测量地方行为，6 个题项（见表 3-5）；第四部分调查基本人口统计信息和灾难事件关联度，6 个题项。问卷使用 5 点 Likert 量表（1＝完全不记得/完全不同意、2＝不记得/不同意、3＝不清楚、4＝记得/同意、5＝记忆深刻/非常同意）。

　　与居民问卷类似，我们对游客问卷的科学性、合理性和可行性，进行了专题小组讨论和专家审议，以及小范围的预调研，对问卷中不完善和表达不清的题项进行修改。

表 3-5　游客结构化调查问卷题项

构念	测量题项	来源
认知记忆	唤起地动山摇的情景 唤起建筑坍塌的惨状 想起遇难和受伤的同胞 想起震时抢险救灾救死扶伤 想起抗灾全国各地帮助支持 想起震后遗址保护和家园建设 地震给当地造成重大经济损失 地震给人民造成巨大心理创伤	第二、三阶段研究质性研究结果，以及 Tang(2014)、Biran et al.（2011）、Dunkley et al.（2011）
情感记忆	感到悲伤 感到惋惜 感到震惊 缅怀同胞	第二、三阶段研究质性研究结果，以及 Biran et al.（2011）、Dunkley et al.（2011）、Kang et al.（2012）、Miles（2014）、Mowatt & Chancellor（2011）
观念启示	体会到"自然面前，人类渺小" 体会到"生命无常，珍爱生命" 体会到"灾难无情，人间有情"	第二、三阶段研究质性研究结果
地方功能	再现了地震灾害 展示了抗震救灾 是缅怀逝者的地方 是寄托哀思的地方 是恐惧的地方 是不吉利的地方 是休闲旅游的地方 是观光游览的地方	第二、三阶段研究质性研究结果，以及 Tang（2014）、王晓华（2012）等
地方满意	具有高度象征意义 给人许多教育启迪 带来许多情感触动 体验难以忘记 参观非常有意义	第二、三阶段研究质性研究结果，以及 Kang et al.（2012）、Tang(2014)
地方行为	愿意再来 会带亲朋来 会推荐给别人 希望地震遗址得到保护 愿意积极参加地震遗址保护 愿意为地震遗址保护捐款	第二、三阶段研究质性研究结果，以及 Nawijn & Fricke(2013)、Zhang et al.（2014）等

2.游客样本特征

我们对 298 份游客问卷进行了样本特征分析(见表 3-6),男性受访者占 52.7%,女性占 47.3%,20—49 岁受访者占 83.6%,可见样本男女比例、年龄结构分布较为均衡。大专及以上的受访者占 51.0%,说明受访者文化水平比较高。79.9% 的受访者第一次来北川地震纪念地参观,20.1% 的受访者有两次及以上的北川参观经历。来自四川的游客占大部分,约为 57.0%,外省的游客约占 43.0%,且 52.0% 的受访者经历过汶川地震,35.2% 的受访者在地震中有一定程度的损失,可见,许多游客与汶川地震这一灾难事件有着紧密关联。

表 3-6　游客结构化问卷样本人口统计学特征与受灾程度($N=298$)

项目		样本(%)	项目		样本(%)
性别	男	157(52.7%)	参观次数 客源地	首次	238(79.9%)
	女	141(47.3%)		两次及以上	60(20.1%)
年龄	19 岁及以下	6(2.0%)		四川省内	170(57.0%)
	20—29 岁	124(41.6%)		四川省外	128(43.0%)
	30—39 岁	58(19.5%)	经历地震	有	155(52.0%)
	40—49 岁	67(22.5%)		无	143(48.0%)
	50—59 岁	29(9.7%)	受灾程度	没有	193(64.8%)
	60 岁及以上	14(4.7%)		极少	55(18.5%)
文化程度	小学及以下	14(4.7%)		一般	29(9.7%)
	初中	50(16.8%)		较多	14(4.7%)
	高中/中专	82(27.5%)		严重	7(2.3%)
	大专/本科	140(47.0%)			
	硕士及以上	12(4.0%)			

3.量表信度与效度

本书使用 SPSS 21 软件对 298 份游客问卷进行信度检验。34 个测量题项的 Cronbach's α 值为 0.860(>0.8),说明量表整体信度表现非常好。

量表的内容效度判定主要靠研究者和专家,量表通过先期调研编码分析游客集体记忆、地方感受,结合国内外相关文献研究结果,并经过课题组内部专家评议,因此具有相对较高的内容效度。结构效度的检验通过 SPSS 21 软件探索性因子分析(EFA),萃取公共因子,得到 KMO 值为 $0.827(>0.7)$,Bartlett's球形度检验近似卡方值为 $5148.198(p=0.000)$,达到因子分析条件,显示该问卷结构效度较高。

第四章　官方视角下的集体记忆与地方建构

一、地震遗址景观

（一）废墟景观

北川老县城位于 V 字形中低峡谷的河谷平坝,湔江穿城而过,四周高山围绕,在汶川地震及后续堰塞湖泄洪、暴雨泥石流中受灾惨重。城区面积约为 0.7 平方公里,共计 3.6 万户、20 多万间房屋倒塌(北川统计局,2011)。遗址规划保护面积为 266 公顷,有 12 处重要事件地、16 处一级保护建筑、75 处二级保护建筑、5 处典型地质与基础设施破坏保护(杨孟昀,2017)。按照《汶川地震遗迹保护及地震博物馆规划设计方案》,应以原真性、安全性、协调性、可逆性等原则,加固与保护老县城地震受损建筑,保存其作为地质灾害研究的科学价值,同时规划设计交通道路、游览线路、广场景观台、纪念设施等,并对沿参观线路的山体和建筑废墟进行铁丝拉网围合,以确保结构稳固,保证参观者人身安全(余慧,2012)。

在北川老县城地震遗址,灾难带来的沙土飞石、山体滑坡、建筑废墟随处可见。王家岩下老城区 80% 的建筑被山石覆盖,难以辨认,仅可见县人武部、检察院、法院、县委、劳保局、粮食局、农业局、畜牧局、县人大、茶厂、电力公司等几处垮塌建筑。茅坝一带新城区 60% 以上的建筑垮塌,禹龙街与西羌上街围合的大部分建筑遗址保存较好,如北川大酒店、农业银行、规划建设局、林业局、绿宝宾馆、电信公司、县/镇政府、广播电视局、北川职业中学等,禹龙街与景家山围合区域,包括水务局、运管所、北川中学茅坝校区、曲山小学、公安局,受到严重山体滑坡影响(见图 4-1)。本书使用 ArcGIS 软件对 40 余处带官方标记可辨认的遗址节点空间,进行 Kernel 密度分析,得到遗址空间集聚的两个区块,

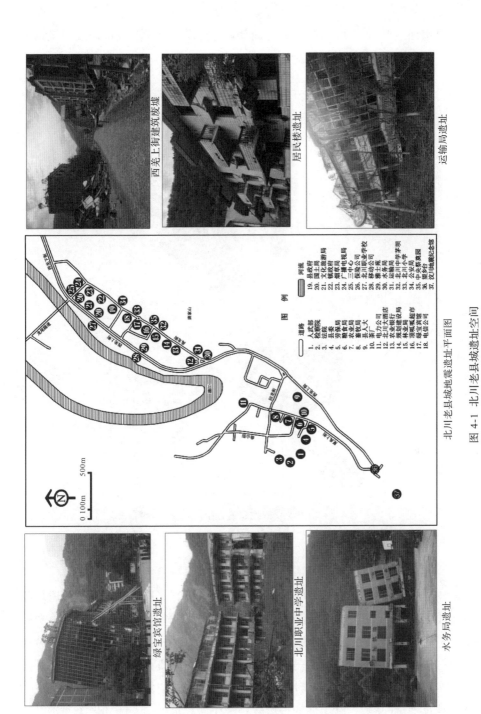

图 4-1　北川老县城遗址空间

一个是南面老城区区块，另一个是北面新城区区块。其中新城区出现围绕镇政府及中央祭奠园两处密集区（见图 4-2）。

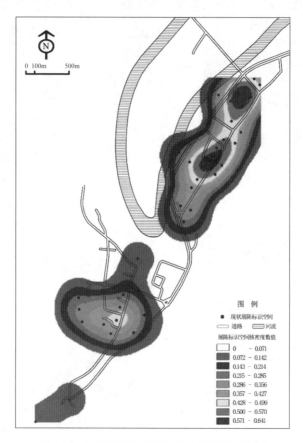

图 4-2　北川老县城地震遗址空间核密度分析

（二）中央祭奠园

中央祭奠园位于老县城新城区景家山脚下，毗邻北川中学茅坝校区遗址与曲山小学遗址。中央树立一座刻有"2008 5·12 14:28"红字的纪念碑，碑呈碎石形。石碑后草坪上是巨大的"5·12"标记。草坪下是震后遇难者集体掩埋地，周围树立松柏。草坪背后是刻有"深切缅怀'5·12'特大地震遇难同胞"黑字的水泥石墙。两侧受损建筑墙上挂着白底黑字横幅"保护老县城地震遗址告慰地震罹难同胞"、"献出你的一份爱心　还逝者永远的安宁"（见图 4-3）。

图 4-3　北川老县城地震遗址中央祭奠园

（三）标识牌与横幅标语

1. 标识牌

标识牌以照片、文字(中、英、日、韩四种语言)的形式,介绍了遗址震前所在单位、受灾情况,此处发生的抗灾感人故事,以及一些科普教育说明(见图 4-4)。

图 4-4　北川老县城地震遗址各类型标识牌

遗址介绍

大多数坍塌建筑面前树立标识牌，用于介绍遗址，包括震前建筑照片，以及遗址所在单位、功能、员工人数、遇难人数、建筑面积、震损面积、相关抗震事迹等介绍。部分遗址前还树立遇难者照片、姓名的标识牌，以表达对逝者的悼念。

个人事迹

部分坍塌建筑前树立的标识牌用图文形式，介绍此处在地震中发生的感人故事。如：北川县农业发展银行遗址前树立的"废墟上的恋人"介绍牌、北川农业银行前树立的"勇斗死神的龚天秀"介绍牌、曲山小学遗址前"芭蕾女孩李月"的介绍牌、北川职业中学遗址前"可乐男孩杨彬彬"的介绍牌，以下摘录了具有代表性的"废墟上的恋人"的介绍：

> 在这片废墟上，曾谱写了一曲感天动地的爱情壮歌。北川县农业发展银行职工贺晨曦，地震时被埋在了废墟下，她的男朋友郑广明第一个发现晨曦还活着，随即救援人员进行了长达18个小时的救援行动。为了鼓励晨曦活下去，广明趴在废墟上，透过砖石缝隙与她说话；为了让晨曦听得清楚些，广明甚至不顾危险，将头伸进洞里说话，就这样一刻不离地守候在洞边……终于，晨曦在被埋104小时后成功获救。

地震科普

部分坍塌建筑、垮损堤坝、山体滑坡、地表破裂等典型地震及其次生灾害地前树立了地震科普牌。

2. 横幅标语

部分受损建筑、道路前悬挂白底黑字的横幅，本书通过编码分析得到铭记灾难、感恩，弘扬救灾精神，保护遗址，纪念遇难者等主题(见表4-1、图4-5)。

表 4-1　北川老县城地震遗址的横幅标语分析

内容	主题
"地震灾难,千秋铭记,羌族儿女,世代感恩"	铭记灾难、感恩
"弘扬抗震救灾精神,共创祖国美好明天"	弘扬救灾精神
"任何困难都难不倒英雄的我国人民"	弘扬救灾精神
"多难兴邦,爱我中华,自强不息,发奋图强"	弘扬救灾精神
"献一份爱心,尽一点义务,护一方净土"	保护遗址
"低声语,缓步行,留逝者一个安宁"	纪念遇难者
"一抔清泥,一方净土,一个天堂"	纪念遇难者
"敬畏自然,保护地震遗址,珍爱生命,守望精神家园"	保护遗址
"保护老县城地震遗址,告慰地震罹难同胞"	保护遗址、纪念遇难者
"铭记灾难,不忘历史,奋发图强,铸就辉煌"	铭记灾难、弘扬救灾精神
"献出你的一份爱心,还逝者永远的安宁"	保护遗址、纪念遇难者

图 4-5　北川老县城地震遗址的横幅标语

二、纪念馆展陈

5·12汶川特大地震纪念馆与北川老县城地震遗址毗邻,占地面积为14万平方米,建筑面积约为1.4万平方米,斥资23亿元。建筑方案"裂缝"寓意为将灾难时刻闪电般定格在大地之间,留给后人永恒的记忆。纪念馆展陈面积为10748平方米,总展线1900米,通过文字、图片、纪念物、场景以及多媒体特效等手段展示地震灾难以及抗震、重建事迹。

（一）展陈文本

文本是以文字、图片、影片等表达形式，存在于文学作品、展陈、电影、网络等媒体的叙事方式。文本是记忆的重要载体，也是记忆传播、继承的重要途径。文本可为人对地方的理解提供丰富的素材，以加强受众对地方性的认知，形成地方感受的建构。许多游客对汶川地震的认知并不是来自亲身经验，而是通过阅读不同媒介上的文本资料获得。纪念馆通过对文字、图片、影像资料等的组织，传播官方视角的集体记忆与地方特征。

1. 文字

5·12汶川特大地震纪念馆展览的内容分为"序厅"、"旷世灾难破坏惨重"、"万众一心抗震救灾"、"科学重建创造奇迹"、"伟大精神时代丰碑"、"结束语"六大板块，本书摘录了序厅中的部分文字来反映官方视角下的集体记忆及相关国家权力话语表征：

> 2008年5月12日发生的汶川特大地震，是新中国成立以来破坏性最强、波及范围最广、救灾难度最大的一次地震，面对突如其来的特大地震灾害，在党中央、国务院的坚强领导下，全党、全军、全国各族人民团结一心、共克时艰，以无所畏惧的英雄气概开展了我国历史上救援速度最快、动员范围最广、投入力量最大的抗震救灾和灾后重建斗争，夺取了抗震救灾的伟大胜利，创造了灾后恢复重建的我国奇迹，谱写了气壮山河的英雄史诗。

> "山川永纪——5·12汶川特大地震纪念馆陈列"，真实记录了2008年5月12日到2011年9月30日期间抗震救灾和灾后重建伟大历程，集中呈现汶川特大地震的巨大灾难，生动再现波澜壮阔的抗震救灾斗争，全面展现灾后恢复重建取得的重大胜利，充分展现中国共产党和中国人民的强大力量，大力彰显社会主义制度的无比优越性，激励和鼓舞全国各族人民在党中央领导下，大力弘扬万众一心、众志成城、不畏艰险、百折不挠、以人为本、尊重科学的伟大抗震救灾精神，解放思想、改革开放、凝聚力量、攻坚克难，坚定不移沿着中国特色社会主义道路前进，为全面建成小康社会而奋斗。

> 山川永纪，浩气长存。我们永远铭记这场人类罕见的特大灾难，铭记抗击灾难的卓绝斗争，铭记灾后重建的辉煌成就，铭记千千万万为抗震救灾和恢复重建做出贡献的人们。

2.图片

图片以视觉冲击的方式唤起地震经历者的记忆,以更直观的方式向普通游客传递信息。纪念馆用大量图片来表达"地震灾难"、"抗震救灾"、"灾后重建"、"地震精神"等主题,其中包括真实的地震现场照片以及描述事件的示意图、图表等(见表4-2、图4-6)。

表4-2　5·12汶川特大地震纪念馆展陈主题与图片

展陈主题	图片
地震灾难	"5·12"汶川地震破坏范围示意图、国内外纸媒报道"5·12"汶川地震系列、5级以上余震目录、汶川特大地震四川基础设施损失统计图表、"5·12"汶川地震现场照片组图(城乡住房大量损毁、公共设施损坏严重)等
抗震救灾	党中央国务院抗灾部署组图、军队及武装部队抗震救灾部署组图、医疗机构开展"灾后群体心理救援"组图、新闻战线快速反应组图、生命奇迹——个人抗灾故事组图等
灾后重建	20个对口援建省份和受援地示意图、四川基础设施重建情况图表、四川灾后文化重建情况图、四川灾后重建完成数据图、四川抗震救灾和灾后恢复重建监督监察工作组图等

图4-6　5·12汶川特大地震纪念馆展陈文字与图片

（二）灾难纪念物

纪念物是集体记忆的重要载体,是联系事件、唤起记忆、诱发想象的物质实体。纪念物作为见证过去的证据,在记忆空间和地方的建构中起着重要作用,参观者通过凝视、触摸纪念物来感知历史。纪念物的种类多样,可以是庞大的纪念碑、纪念雕塑,也可以是小的生活物件,可以是具有纪念意义的创作作品,也可以是真实的生活物件。

5·12汶川特大地震纪念馆的纪念物包括纪念碑、纪念墙、雕塑、地震损毁的物件、抗震救灾及灾后重建中使用过的器械、横幅、锦旗等(见表4-3、图4-7)。

表4-3　5·12汶川特大地震纪念馆展陈主题与纪念物

展陈主题	纪念物
地震灾难	地震摧毁的汽车、生活物件(时间凝固的钟表等)、断裂拱门、滚落山石等
抗震救灾	生死大营救雕塑、胡主席重要指示书、官兵请战书、官兵救灾随身物品系列(军装、鞋、背包、降落伞、绳索等)、抗震救灾器械系列(冲锋船、挖掘机、发电机、切割机、斧头、铁铲等)、各行各业参与抗震救灾队伍的横幅、抗震救灾雕塑等
灾后重建	对口援建省份前线指挥部牌匾系列、灾后重建器械系列(头盔墙、铁铲、测量仪器等)、灾后重建横幅、灾后视察浮雕等
抗震重建精神	丰碑式浮雕墙、抗震救灾灾后重建表彰锦旗、《从悲壮走向豪迈》纪念油画、《胜利属于英雄的中国人民》纪念油画等

图4-7　5·12汶川特大地震纪念馆的纪念物

三、纪念仪式

Connerton(1989)认为社会通过身体的重复和日常行为,以及仪式、演出、纪念等形式,强化记忆。Halbwachs(1992)认为一段记忆被集体接受,意味着按照公众设计的流程将其保留,群体通过定期仪式、纪念活动回忆和复述以防止集体记忆的淡忘(Winter,2009a)。北川地震官方纪念仪式分为公祭日纪念、纪念馆纪念以及网上纪念。

(一)公祭日纪念

每年的5月12日被定为北川地震遇难者公祭日。来自四川省、绵阳市和北川县政府及各界群众代表来到中央祭奠园参加公祭活动,为遇难同胞及牺牲烈士默哀、鞠躬、献花并宣读祭文。

(二)纪念馆纪念

5·12汶川特大地震纪念馆经过序厅、第一部分展览(旷世灾难破坏惨重)、第二部分展览(万众一心抗震救灾)后,进入缅怀厅(见图4-8)。缅怀厅是一个不规则折线空间,灯光微蓝,一侧墙上密布方形壁龛,放置发光的电子蜡烛,营造静谧哀思的空间。天花板上LED灯发出微弱的光,寓意着满天星辰。另一侧墙上挂有白色字体标语:"向在地震灾害中不幸罹难的同胞们、向光荣取

图4-8 5·12汶川特大地震纪念馆缅怀厅

得抗震救灾斗争重大胜利而英勇献身的烈士们表达我们的深切思念。"展厅中央是一个电子操作台，其显示屏中央是菊花图片，点击下方"献花"的按钮，图片黑色的背景上就会出现一束鲜艳的雏菊。同时，显示屏的内容也被投影到身前巨大墙体上。参观者通过点击屏幕向遇难者献花，表示哀悼纪念。

（三）网上纪念

5·12 汶川特大地震纪念馆网站（http://dzjng. my. gov. cn/jngjs/wsjd2/)建有网上纪念馆（见图 4-9），名为"为了忘却的纪念"。页面中央是一朵菊花的图片，点击下方"点击献花"的按钮，图片黑色的背景上就出现一束鲜艳的雏菊。图片上"向 5·12 汶川特大地震遇难者献花"人数也会增加 1。点击网页右侧"进入纪念馆"，跳转到遇难者照片页。由亲人朋友提供的遇难者生前生活照片共计 56 页。网上参观者通过鼠标点击的形式向遇难者献花，表示哀悼纪念。

图 4-9　5·12 汶川特大地震网上纪念馆

第五章　居民视角下的集体记忆与地方建构

一、居民地方意象与集体记忆

我们对 191 份居民(样本信息见附录)开放式问卷进行编码分析,提取北川老县城地震遗址唤起居民最难忘的地方、记忆、情感及后续行为等。根据居民在地图上标记的地方,我们运用 ArcGIS 10 软件绘制集体认知空间地图、情感空间地图与行为空间地图,使用核密度法分析这些专题地图的空间集聚点,并整理出居民地方意象与集体记忆。

(一)认知空间与记忆

1.认知空间与类型

根据开放式问卷,北川老县城地震遗址唤起受访者 420 处难忘的地方(包括重复的地方,见图 5-1)。提及次数较多的地点是北川农贸市场(10.7%)、北川中学(10.5%)、县医院(7.6%)、十字路口(6.4%)、北川中学茅坝校区(6.0%)、北川车站(5.2%)、曲山小学(4.8%)、北川大酒店(4.3%)、幼儿园(3.1%)、北川公园/翻水桥(2.6%)、遇难者公墓(2.4%)等。

节点(地标)、道路、区域、边界不仅是人们感知地方空间和组织心理意象的元素,也是承载过去经历的记忆装置(Ardakani & Oloonabadi,2011)。420 处受访者提到的难忘地方,81.2%为节点空间,12.1%为面状空间,6.7%为线状空间。257 处(61.2%)位于老县城南部老城区,121 处(28.8%)位于北部新城区。对 341 处节点空间的核密度分析得到,认知记忆空间密集区主要集中在老城区十字路口、农贸市场一带,这也是老县城最繁华热闹的地带。尽管这些地方在地震中倒塌甚至完全被覆盖,但这些地方的位置、空间及相关的经历却始终留在当地记忆中。

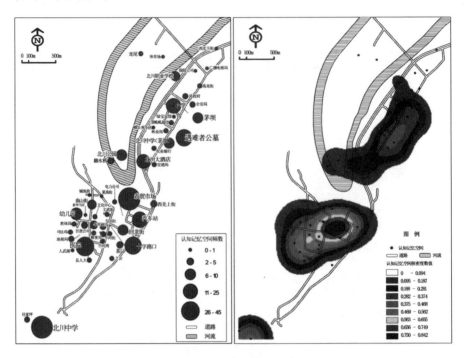

图 5-1　居民认知记忆空间与核密度分析

2. 灾难空间与灾难记忆、抗灾记忆

受访者提到地点的 49% 与地震记忆相关，其中 32% 是地震发生时所处地点，17% 是亲人、朋友、同胞遇难受伤和救援的地点，唤起了地震记忆、亲朋遇难记忆以及抗震救灾记忆。

正如 Tuan(1979) 所描述的："现如今灾难很少夺走人生命，因此并没有给人留下深刻记忆。"而"5·12"汶川地震发生时，"当大地剧烈颤抖，个人被剥夺了最根本的安全来源，带来巨大损失和创伤……个人和群体烙下深深的记忆"。重大事件形成了闪光灯记忆效应(Braasch，2008)，幸存者看到灾难遗址，仍能回忆起地震发生时他们在什么地方做什么。一位曾经在北川中学就读的受访者回忆起地震当天情景：

> 2:28 开始地震，起初摇得不激烈，以为是大型机械从楼底经过。后来发现楼在摇晃，横着晃、竖着晃……过一会看到树从窗户口往天空冲，发现

楼在下坠……地震结束后,我从窗户跳出,从楼梯跑下来,跑下来的时候才知道楼塌了。跑到新修体育场,都是尘土……(男,30岁,在北川老县城生活3年)

除了灾难记忆,灾后积极抗灾经历、灾后重建经历也难以忘记。访谈中许多受访者提到亲身经历灾后救援的场景:

> 老县城房子塌得不得了……看其他人都在救人,我也一起救人。幼儿园来回跑了2次,菜市场来回跑了5次,一起把伤员抬出去……县政府跑了10次,公安局跑了5次……(男,74岁,在北川老县城居住30年以上,地震中损失惨重)

灾后数年间来自全国各地的帮助、地震遗址保护与北川新城建设也给居民留下了深刻的记忆:地震之后,国家政策好,让我们有地方住、吃,又发钱,给我们造房子……(男,49岁,在北川老县城居住30年以上)

3. 生活空间与日常记忆

51%受访者提到的地点是生活相关地方,其中23%是生活的地方,14%是家,14%是工作学习的地方,都能唤起震前生活工作经历。比如受访者提到较多的北川农贸市场,一位受访者回忆道:"我每天去市场买东西,和朋友聊天。我可以在那儿待一上午……"(女,48岁,在北川老县城生活40余年)另一位受访者谈道:"我每天在市场卖自家种的蔬菜。虽然工作辛苦,收入不多,但我喜欢这里市场热闹的气氛……"(女,50岁,在北川老县城生活40余年)市场是当地经常使用和交流的场所,也是一些人工作的地方,充满了日常生活经历和美好回忆。而这类承载日常记忆的地方是个人生活历史的空间参照点,组成了个人日常空间轨迹,令人难以忘记(Edward,2000)。Relph(1976)认为那些我们成长、居住、工作的地方蕴含了生活经历,对于个人意义非凡,个人也对这些地方存在深厚的地方依恋。尽管灾难将日常居住、生活的空间摧毁,但人们通过仅存的断壁残垣仍然经常回忆起这些熟悉的空间。

(二)情感空间与记忆

1. 情感空间与情感类型

根据开放式问卷调查,这些受访者难忘的地方唤起了悲伤/难过/心痛

(47%)、恐惧/害怕(16%)、惋惜(22%)、平静(2%)、怀念/留恋(8%)、开心/快乐(3%)、感激(1%)、骄傲(1%)等情感(见图 5-2)。情感是我们积极参与世界的方式,集体记忆的情感性、复杂性是其区别于官方记忆和历史记忆的重要方面(Hoelscher & Alderman,2004)。一方面,一个地方可以唤起群体多样的情感;另一方面,一个人对一个地方也拥有许多不同甚至是截然相反的情感。地震前生活记忆与地震记忆交叉重叠,唤起多样、复杂、矛盾的情感。

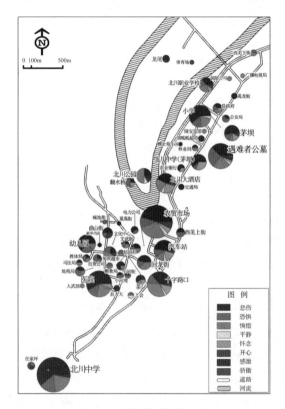

图 5-2 居民情感记忆空间

2.创伤情感:悲伤、恐惧

受访者提到的情感 63% 与创伤相关,包括悲伤/难过/心痛(47%)、恐惧/害怕(16%)等。灾难的突发性和恐怖性造成了巨大的苦难和损失,超出了人们先验认知,带来了身体和精神所不能承受的创伤(Hutchison & Bleiker,2008),引发了一系列强烈的情感,包括恐惧、痛苦、悲伤等,甚至伴随头痛、睡眠障碍等身体症状(Drozdzewski & Dominey-Howes,2015)。地震中那些众多同胞遇难

的地方触发了集体悲伤,比如学校:

> 很多教学楼都塌了,令人触目惊心……孩子是祖国的花朵,是北川的未来,他们走了,特别心痛、惋惜,每次经过这些地方都感到特别悲伤。(男,64岁,在北川老县城居住30年以上)

那些发生地震时所在的地方、亲人朋友遇难的地方,令人恐惧、害怕、悲伤、难过:"我父亲曾经在农贸市场做生意,地震时候在那里遇难,当我看见那里或回想起那里,感到十分悲伤和恐惧。"(女,44岁,在北川老县城生活10多年)地震及创伤情感会随着时间和灾后恢复慢慢退去。一位受访者表示:"前几年是趋于悲伤,现在过了悲痛时期,更多是平静,能理性地看待这一些……"(女,25岁,在北川老县城生活10余年)

3. 怀旧情感:惋惜、怀念

受访者表达的情感30%与怀旧相关,包括惋惜(22%)、怀念/留恋(8%)。怀旧是一种强烈、痛苦地渴望回到一个不再存在的家园的情感(Blunt,2003)。地震造成居住环境破坏,摧毁熟悉的地方景观,切断支撑群体的社会网络,打破个人与熟悉环境之间的舒适感、安全感,使得个人迷失方向(Cox & Perry,2011;Wright,2009)。Morrice(2013)认为在灾后损失重大的情况下,为了寻找和保持个人身份的稳定,人们会出现对过去的怀旧情感。受访者经常回忆起老北川的环境、曾经的家以及难忘的人、事,产生惋惜和怀念的情感:

> 我的家人与许多亲戚朋友都住在北川老县城,这里的环境非常适合居住,山清水秀,空气好,没污染……曾经有一个大房子和菜园,孙子孙女跟我们一起居住,生活很开心……地震时房子倒塌严重,很多亲人没有了,那种情感的丧失,多年后还是很失落,感到特别悲伤、惋惜,非常怀念北川的生活、以前的人和事……(男,59岁,在北川老县城生活50余年)。

地震造成无法逆转的灾难与损失,居民被迫异地安置。怀旧表现在对老地方深深的依恋和不舍,难以轻易融入新的环境:

> 生活中的片段,生活中的点点滴滴,回忆起太多,是一种对往事的追忆、回味……住在新县城这么多年了,感觉与这个地方有隔阂,总觉得不是自己家,没能够融入……(男,60岁,在北川老县城生活50多年)

Fullilove(1996)认为,灾难引起地方移置,个人在失去熟悉环境和被迫适应陌生环境时，容易产生地方迷失而导致强烈的地方怀旧情感。

此外，不少受访者回忆起地震前居住、生活、工作的地方，感到开心/快乐（3%）、平静（2%）、感激（1%）、骄傲（1%）等："我们县城虽然不大，但非常干净、漂亮。到了晚上看街上夜景，有繁华的夜市……这些都是其他周边地方不能比，很自豪。"（女，48岁，在北川老县城居住40余年）

4.地方感

尽管受访者提到具体难忘地方唤起的情感以负面为主，但对于整个老县城还是具有深深的依恋和认同。地方感是人与地方高度的情感连接（Tuan，1977）。受访者对老县城的地方感，一方面体现在对独特自然人文环境的认同，另一方面是对居住、生活、工作地方的依恋和怀旧。一位受访者（男，60岁，在北川老县城生活50多年）表示："感觉老北川什么都好，山水、地理、人文，在那里生活这么多年，有深厚的感情……"同时，许多受访者表示，如果有条件，愿意回老县城居住。

（三）行为空间与记忆

1.行为空间类型

受访者提到的行为空间有313处（包括重复的地方，见图5-3）。频率较高的有老县城（18.8%）、遇难者公墓（12.8%）、北川中学（8.0%）、茅坝（4.2%）、北川中学茅坝校区（4.2%）、农贸市场（4.2%）、县医院（3.8%）、北川大酒店（3.8%）、十字路口（3.5%）、老街/回龙街（3.2%）、曲山幼儿园（2.6%）、曲山小学（1.3%）等。

行为空间中94处（30.0%）位于县城西南部老城区，116处（37.1%）位于东北部新城区。节点状空间有203处，占64.9%，面状空间有88处，占28.1%，线状空间有22处，占7.0%。通过对203处节点空间的核密度分析，我们得到行为空间密集区主要集中在茅坝、中央祭奠园、北川中学茅坝校区一带。这也是地震中受灾相对较少、保存较好、集中埋葬遇难者并纪念遇难者的区域。62%空间相关的行为是悼念故人，31%是怀念故土，7%是参观遗址。绝大多数受访者一年回北川老县城地震遗址2~3次，以寄托哀思。

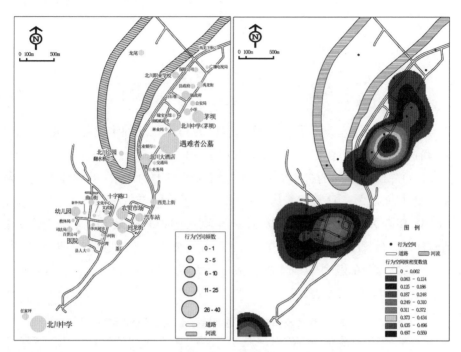

图 5-3　居民行为空间及其核密度分析

2. 行为空间与记忆

Connerton(1989)认为集体记忆具有身体性,行为是集体记忆的反映。纪念仪式、纪念空间是集体记忆的重要载体,个人通过固定的景观空间、仪式设施、身体操演,将自己与过去、故人相联系。一位受访者(男,64 岁,在北川老县城居住 30 余年)表示:"每年清明、5 月 12 日,一家人回老县城,给亲人烧香、烧纸钱……"纪念景观、纪念活动,特定的时空相结合,组成强大的记忆系统,群体通过纪念仪式、活动、传统习俗等实现集体回忆,社会通过纪念行为保持和传承集体记忆,增强地方认同。许多受访者表示回北川老县城纪念故人的同时会到处走走,看看熟悉的地方,比如曾经生活居住的家、工作的地方,以怀念故土。

二、居民集体记忆维度与特征

(一)集体记忆维度

为了解北川老县城地震遗址唤起居民的集体记忆的维度与程度,我们对307份居民问卷的集体记忆18个题项进行因子分析。我们通过探索性因子分析(EFA)降低因素间的多重共线性,并剔除影响小的因素,以对样本进行降维。KMO值为0.802(>0.6),Bartlett's球形检验卡方值为3608.183($p = 0.000$),适合进行因子分析。随后进一步采用主成分法、最大方差法进行因子轴旋转,提取特征值大于1的公因子,删除载荷低于0.5的题项(RTE3感到惋惜),删除跨因子的题项(RDC1地震造成巨大损失),得到5个公因子,累积方差贡献率为74.2%(见表5-1)。

表 5-1 居民集体记忆测量指标探索性因子分析结果

维度	因子	题项	载荷	贡献率	Cronbach's α
回忆	怀旧记忆 (RNM)	RNM1	0.814	17.0%	0.864
		RNM2	0.782		
		RNM3	0.754		
	灾难记忆 (RDM)	RDM1	0.882	15.5%	0.914
		RDM2	0.914		
		RDM3	0.862		
	抗灾记忆 (RFDM)	RFDM1	0.852	14.7%	0.913
		RFDM2	0.836		
		RFDM3	0.799		
情感	创伤情感 (RTE)	RTE1	0.717	13.6%	0.808
		RTE2	0.738		
		RTE4	0.839		
		RTE5	0.805		
观念	观念启示 (RIA)	RIA1	0.851	13.4%	0.853
		RIA2	0.743		
		RIA3	0.674		

第一个因子为怀旧记忆(RNM),旋转后累积方差贡献率为17.0%,包括回忆起北川老县城熟悉的地方(RNM1)、亲人朋友(RNM2)、难忘的事(RNM3)。第二个因子为灾难记忆(RDM),累积方差贡献率为15.5%,包括回忆起地震地动山摇的情景(RDM1)、建筑坍塌的惨状(RDM2)、遇难和受伤同胞(RDM3)。第三个因子为抗灾记忆(RFDM),累积方差贡献率为14.7%,包括回忆起抢险救灾和救死扶伤事迹(RFDM1)、来自全国各地的帮助支持(RFDM2)、遗址保护和家园建设(RFDM3)。第四个因子为创伤情感(RTE),累积方差贡献率为13.6%,包括感到恐惧(RTE1)、悲伤(RTE2)、心理阴影(RTE4)、身心创伤(RTE5)。第五个因子为观念启示(RIA),累积方差贡献率为13.4%,包括感受到"自然面前,人类渺小"(RIA1)、"生命无常,珍爱生命"(RIA2)及"灾难无情,人间有情"(RIA3)。

根据上述因子分析并结合理论研究可知,地震纪念地唤起居民的集体记忆包含回忆、情感与观念,而回忆包含怀旧记忆(RNM)、灾难记忆(RDM)、抗灾记忆(RFDM),情感主要是创伤情感(RTE),观念主要是观念启示(RIA)。

(二)集体记忆特征

为了解北川老县城地震遗址唤起居民的集体记忆特征,我们对集体记忆测量指标进行均值、标准差分析,并对集体记忆各维度(RNM、RFDM、RDM、RTE、RIA)进行均值计算(见表 5-2)。分析显示,怀旧记忆均值 $M_{RNM}=$ 4.41,灾难记忆均值 $M_{RDM}=4.19$,抗灾记忆均值 $M_{RFDM}=4.25$,创伤情感均值 $M_{RTE}=3.83$,观念启示均值 $M_{RIA}=4.53$。一般而言,5 点 Likert 量表得分在 1 到 2.4 之间表示反对,2.5 到 3.4 之间表示中立,3.5 到 5 之间表示赞同(Tosun,2004)。各维度均值均大于 3.5,因此地震纪念地唤起北川居民的集体记忆水平较高。同时,结果显示 $M_{RIA}>M_{RNM}>M_{RFDM}>M_{RDM}>M_{RTE}$,说明北川老县城地震遗址唤起居民各维度集体记忆水平由高到低,分别为观念启示、怀旧记忆、抗灾记忆、灾难记忆、创伤情感。且居民积极的记忆和感受(观念启示、怀旧记忆、抗灾记忆)强于消极的记忆和感受(灾难记忆、创伤情感)。

表 5-2　居民集体记忆测量指标均值与标准差分析结果

维度	题项	均值	标准差
回忆	RNM	4.41	0.791
	RNM1	4.43	0.884
	RNM2	4.40	0.871
	RNM3	4.41	0.922
	RDM	4.19	1.020
	RDM1	4.18	1.171
	RDM2	4.24	1.104
	RDM3	4.14	1.032
	RFDM	4.25	0.803
	RFDM1	4.19	0.880
	RFDM2	4.31	0.839
	RFDM3	4.27	0.889
情感	RTE	3.83	0.832
	RTE1	3.40	1.257
	RTE2	4.26	0.839
	RTE4	3.75	1.025
	RTE5	3.90	1.011
观念	RIA	4.53	0.650
	RIA1	4.51	0.781
	RIA2	4.54	0.701
	RIA3	4.53	0.733

　　为进一步了解不同人口统计学特征(性别、年龄、文化程度、居住年限)、受灾程度(亲朋遇难、身体受伤、财产损失)等特征在集体记忆各维度上是否存在差异,我们运用单因素方差统计(ANOVA)来检验组间差异的显著性(见表 5-3)。方差分析的 F 值统计量越大,表明组间差异越明显。

表 5-3　居民集体记忆单因素方差分析及均值比较

项目		怀旧记忆（RNM）	灾难记忆（RDM）	抗灾记忆（RFDM）	创伤情感（RTE）	观念启示（RIA）
性别	F 值		3.94**		3.55*	
	男（N=149）		4.07		3.73	
	女（N=158）		4.30		3.91	
年龄	F 值	5.36***		3.71**	3.99**	7.81***
	≤19（N=13）	3.62		3.59	3.92	3.61
	20—29（N=57）	4.20		4.25	3.42	4.20
	30—39（N=78）	4.38		4.13	3.88	4.38
	40—49（N=97）	4.52		4.28	3.98	4.51
	50—59（N=39）	4.60		4.56	3.77	4.59
	≥60（N=23）	4.74		4.43	4.04	4.73
居住年限	F 值	27.47***		7.79***		7.72***
	≤5（N=61）	3.64		3.95		4.21
	6～10（N=43）	4.31		4.06		4.38
	11～20（N=84）	4.58		4.27		4.55
	21～30（N=40）	4.64		4.16		4.68
	≥31（N=79）	4.78		4.62		4.76
亲朋遇难	F 值	33.03***		11.41***		16.01***
	有（N=234）	4.55		4.34		4.61
	无（N=73）	3.97		3.98		4.26
身体受伤	F 值	10.59***	11.26***	4.77**	12.91***	4.23**
	有（N=82）	4.65	4.51	4.42	4.10	4.65
	无（N=225）	4.32	4.07	4.19	3.72	4.48
财产损失	F 值	18.38***	1.97*	3.56**	2.38*	6.10***
	没有（N=20）	3.42	4.12	3.77	3.69	3.97
	极少（N=14）	3.76	4.45	3.93	3.75	4.21
	一般（N=61）	4.21	3.97	4.23	3.60	4.49
	较多（N=67）	4.49	4.06	4.20	3.80	4.56
	严重（N=145）	4.66	4.32	4.38	3.96	4.64

注：*** 表示显著性水平 $p < 0.001$，** 表示显著性水平 $p < 0.05$，* 表示显著性水平 $p < 0.1$。

第一，性别差异在怀旧记忆、抗灾记忆、观念启示等均值上无显著差异；在灾难记忆（F 值为 3.94，$p=0.048$）、创伤情感（F 值为 3.55，$p=0.061$）上有显著差异，多个维度对应一个 F 值？且女性在这两者的均值上要高于男性，说明女性在北川老县城地震遗址唤起的灾难记忆、创伤情感要强于男性。

第二，不同年龄居民在怀旧记忆（F 值为 5.36，$p=0.000$）、抗灾记忆（F 值为 3.71，$p=0.003$）、创伤情感（F 值为 3.99，$p=0.002$）、观念启示（F 值为 7.81，$p=0.000$）维度的均值存在显著差异。相对来说，50 岁以上居民的抗灾记忆较强烈，60 岁以上居民的创伤情感最强烈。随着年龄增长，居民的怀旧记忆、观念启示越强烈，说明年龄越大的居民地方回忆、灾后反思、观念启示感越强。

第三，文化程度在集体记忆各维度上差异不显著。

第四，不同居住年限的居民在怀旧记忆（F 值为 27.47，$p=0.000$）、抗灾记忆（F 值为 7.79，$p=0.000$）、观念启示（F 值为 7.72，$p=0.000$）上存在显著差异。居住年限超过 30 年的居民抗灾记忆最强烈。随着居住年限增加，居民的怀旧记忆越强烈；随着居住年限增加，居民对灾难事件的观念启示越强烈。

第五，地震中亲朋遇难与否这一变量显著影响怀旧记忆（F 值为 33.03，$p=0.000$）、抗灾记忆（F 值为 11.41，$p=0.000$）、观念启示（F 值为 16.01，$p=0.000$）。亲朋遇难的居民在怀旧记忆、抗灾记忆、观念启示这些维度上比亲朋未遇难的居民更强烈，表现出对抗灾过程中相互救助和对过去的人事（特别是逝去的亲朋）记忆更深刻，同时对灾难带来的启示、人地关系、生命的看法更强烈。

第六，地震中个人身体受伤与否在集体记忆各维度均值上都存在显著差异，其中怀旧记忆 F 值为 10.59（$p=0.000$）、灾难记忆 F 值为 11.26（$p=0.000$）、抗灾记忆 F 值为 4.77（$p=0.030$）、创伤情感 F 值为 12.91（$p=0.000$）、观念启示 F 值为 4.23（$p=0.041$）。地震中受伤的个人集体记忆在各维度上的均值都比未受伤者高。地震中的受伤经历给个体留下了强烈的身体记忆，因而故地重访唤起的与灾难相关的身体记忆比普通人更显著。

第七，地震中不同程度财产损失的居民在集体记忆各维度均值上存在显著差异。其中怀旧记忆 F 值为 18.38（$p=0.000$）、灾难记忆 F 值为 1.97（$p=0.099$）、抗灾记忆 F 值为 3.56（$p=0.007$）、创伤情感 F 值为 2.38（$p=0.052$），观念启示 F 值为 6.10（$p=0.000$）。相对来说，财产损失越多者，怀旧记忆、抗灾记忆、创伤情感、观念启示越强烈。

综上,性别对灾难记忆、创伤情感具有显著影响,女性的灾难记忆、创伤情感唤起要强于男性。年龄、居住年限对怀旧记忆、观念启示具有显著影响,随着年龄与居住年限的增加,居民的怀旧记忆、灾后反思、观念启示越强。受灾程度(亲朋遇难、身体受伤、财产损失)是影响集体记忆各维度的重要因素。其中,亲朋遇难的个人在抗灾记忆、怀旧记忆、观念启示这些维度上比亲朋未遇难的居民更强烈,表现出对抗灾过程中相互救助和对过去的人事(特别是逝去的亲朋)记忆更深刻,同时对灾难带来的启示、人地关系、生命的看法更强烈。地震中受伤的个人,其集体记忆各维度上的均值都比未受伤者、损失少的个体高。

三、居民地方功能感知、地方认同维度与特征

(一)地方功能感知与地方认同维度

为了解居民的地方功能感知与地方认同维度、程度,我们对 307 份居民问卷的 14 个相关题项进行因子分析。我们通过探索性因子分析(EFA)降低因素间的多重共线性,并剔除影响小的因素,以对样本进行降维。KMO 值为 0.775(>0.6),Bartlett's 球形检验卡方值为 2795.742($p=0.000$),达到因子分析条件。随后,进一步采用主成分法、最大方差法进行因子轴旋转,提取特征值大于 1 的公因子,删除因子载荷低于 0.5 的题项,得到 5 个公因子,累积方差贡献率为 82.3%(见表 5-4)。

表 5-4　居民地方功能感知、地方认同测量指标探索性因子分析结果

维度	因子	题项	载荷	贡献率	Cronbach's α
地方认同	地方认同(RPI)	RPI1	0.913	29.2%	0.928
		RPI2	0.851		
		RPI3	0.867		
		RPI4	0.902		
		RPI5	0.838		

续表

维度	因子	题项	载荷	贡献率	Cronbach's α
地方功能感知	纪念地功能感知（RPFM）	RPFM1	0.875	15.7%	0.829
		RPFM2	0.848		
		RPFM3	0.747		
	旅游地功能感知（RPFT）	RPFT1	0.958	14.3%	0.957
		RPFT2	0.967		
	科普地功能感知（RPFE）	RPFE1	0.894	12.2%	0.822
		RPFE2	0.917		
	恐惧地功能感知（RPFF）	RPFF1	0.897	10.9%	0.671
		RPFF2	0.797		

第一个因子为地方认同（RPI），旋转后累积方差贡献率为 29.2%，包括"老北川对我来说非常重要"（RPI1）、"有着深厚的感情"（RPI2）、"我的根在老北川"（RPI3）、"是我精神的寄托"（RPI4）、"对我来说独一无二"（RPI5）。第二个因子为纪念地功能感知（RPFM），累积方差贡献率为 15.7%，包括缅怀逝者的地方（RPFM1）、寄托哀思的地方（RPFM2）、怀念故土的地方（RPFM3）。第三个因子为旅游地功能感知（RPFT），累积方差贡献率为 14.3%，包含休闲旅游的地方（RPFT1）、观光游览的地方（RPFT2）。第四个因子为科普地功能感知（RPFE），累积方差贡献率为 12.2%，包含再现了地震灾害（RPFE1）、展示了抗震救灾（RPFE2）。第五个因子为恐惧地功能感知（RPFF），累积方差贡献率为 10.9%，包含恐惧的地方（RPFF1）、不吉利的地方（RPFF2）。

根据因子分析可知，居民对北川老县城地震遗址地方功能感知包含纪念地功能感知（RPFM）、旅游地功能感知（RPFT）、科普地功能感知（RPFE）、恐惧地功能感知（RPFF）。

(二)地方功能感知与地方认同特征

为了解居民对北川老县城的地方认同、地方功能感知程度及特征，我们对各测量指标进行均值计算、标准差分析（见表 5-5）。

表 5-5　居民地方功能感知、地方认同测量指标均值与标准差分析结果

维度	题项	均值	标准差
地方认同	RPI	4.29	0.864
	RPI1	4.34	0.927
	RPI2	4.52	0.785
	RPI3	4.19	1.143
	RPI4	4.14	1.049
	RPI5	4.25	0.962
地方功能感知	RPFM	4.62	0.576
	RPFM1	4.74	0.571
	RPFM2	4.58	0.712
	RPFM3	4.56	0.709
	RPFT	2.60	1.241
	RPFT1	2.59	1.271
	RPFT2	2.61	1.264
	RPFE	4.22	0.891
	RPFE1	4.31	0.993
	RPFE2	4.14	0.941
	RPFF	2.58	1.053
	RPFF1	3.01	1.281
	RPFF2	2.14	1.143

地方认同(RPI)各测量题项均值均大于 4,且总体均值 $M_{RPI}=4.29$,表示居民有较强的地方认同。地方功能感知维度中,纪念地功能感知(RPFM)各测量题项均值都大于 4.5,且总体均值 $M_{RPFM}=4.62$,表示居民对北川老县城作为纪念地,悼念故人与故土的功能感知和认同非常强;旅游地功能感知(RPFT)各测量题项均值均小于 3,且总体均值 $M_{RPFT}=2.60$,表示居民对北川老县城作为观光、休闲旅游地功能感知、认同并不强;科普地功能感知(RPFE)各测量题项均值都大于 4,且总体均值 $M_{RPFE}=4.22$,说明居民对北川老县城作为展示地震灾难、抗震救灾的科普地功能感知和认同较强;恐惧地功能感知(RPFF)总体均值 $M_{RPFF}=2.58$,说明居民对北川老县城并不感到十分惧怕,并不认为是

不吉利的地方。地方功能感知各维度均值比较结果显示，$M_{RPFM} > M_{RPFE} > M_{RPFT} > M_{RPFF}$，即作为纪念地的感知最为强烈，作为科普地的感知其次，作为旅游地的感知较弱，作为恐惧地的感知最弱。

我们运用单因素方差分析来检验在人口统计学特征(性别、年龄、文化程度、居住年限)、受灾程度(亲朋遇难、身体受伤、财产损失)上不同的个体是否在地方功能感知、地方认同上存在差异(见表 5-6)。

表 5-6　居民地方功能感知、地方认同单因素方差分析及均值比较

	项目	RPI	RPFM	RPFT	RPFE	RPFF
性别	F 值			4.53**	5.34**	
	男(N=149)				4.34	2.44
	女(N=158)				4.12	2.71
年龄	F 值	8.71***	3.74**	2.59**		2.83**
	≤19(N=13)	3.11	4.41	3.34		2.85
	20—29(N=57)	4.08	4.50	2.50		2.16
	30—39(N=78)	4.31	4.56	2.30		2.53
	40—49(N=97)	4.32	4.62	2.65		2.77
	50—59(N=39)	4.63	4.82	2.69		2.65
	≥60(N=23)	4.68	4.96	3.02		2.70
文化程度	F 值		6.12***		5.87**	
	小学及以下(N=59)		3.00			3.01
	初中(N=111)		2.75			2.62
	高中/中专(N=89)		2.43			2.43
	大专及以上(N=48)		2.08			2.24
居住年限	F 值	36.71***	11.72***		2.04*	
	≤5(N=61)	3.46	4.31		4.07	
	6~10(N=43)	3.97	4.43		4.19	
	11~20(N=84)	4.41	4.65		4.16	
	21~30(N=40)	4.52	4.68		4.16	
	≥30(N=79)	4.86	4.90		4.46	

续表

项目		RPI	RPFM	RPFT	RPFE	RPFF
亲朋遇难	F 值	19.11***	22.03***		4.11**	
	有($N=234$)	4.40	4.71		4.28	
	无($N=73$)	3.91	4.36		4.04	
身体受伤	F 值	8.64**	4.32**			5.55**
	有($N=82$)	4.52	4.74			2.81
	无($N=225$)	4.20	4.58			2.49
财产损失	F 值	16.20***	11.63***		3.71**	
	没有($N=20$)	3.22	3.90		3.85	
	极少($N=14$)	3.51	4.40		3.71	
	一般($N=61$)	4.20	4.61		4.30	
	较多($N=67$)	4.32	4.62		4.07	
	严重($N=145$)	4.53	4.75		4.37	

注：*** 表示显著性水平 $p<0.001$，** 表示显著性水平 $p<0.05$，* 表示显著性水平 $p<0.1$。

第一，性别差异在 RPFE、RPFF 上有显著差异，前者 F 值为 4.53($p=0.034$)，后者 F 值为 5.34($p=0.022$)。男性对北川再现地震灾害、抗震救灾等科普功能感知上要强于女性。女性在恐惧地感知要强于男性。

第二，年龄差异在 RPI(F 值为 8.71，$p=0.000$)、RPFM(F 值为 3.74，$p=0.003$)、RPFT(F 值为 2.59，$p=0.026$)、RPFF(F 值为 2.83，$p=0.016$)上有显著差异。地方认同随着居民年龄增长而增强，即年龄越大的居民地方认同越强烈。特别是 50 岁以上居民，地方认同均值大于 4.5，表示出强烈的认同感。纪念地功能感知随着居民年龄增长而增强，即年龄越大的居民对北川老县城作为纪念故人、怀念故土的功能感知与认同越强，特别是 20 岁及以上居民的纪念地功能感知均大于 4.5，体现了居民对北川老县城作为纪念地这一功能强烈的感知与认同。不同年龄居民对北川老县城休闲、观光等旅游功能感知不一，20岁到 59 岁居民对其旅游地功能感知均小于 3，说明其对北川老县城休闲、观光等旅游功能感知并不强烈。不同年龄居民对恐惧地这一功能感知不一，19 岁及以下居民对这一功能感知最强烈。

第三，不同文化程度居民在对于北川老县城的 RPFT(F 值为 6.12，$p=$

0.000)和RPFF(F值为5.87,$p=0.001$)上有显著差异。随着文化程度的提高,居民对北川老县城作为旅游地的功能感知降低,即文化程度越高的居民对北川老县城休闲、观光的旅游地感知与认同越低。同时,随着教育水平的升高,居民对北川老县城的恐惧地的感知也逐渐减弱。文化程度影响人们对地方的认知,在地方功能建构中有更深层次的思考和更理性的判断。

第四,不同居住年限的居民在RPI(F值为36.71,$p=0.000$)、RPFM(F值为11.72,$p=0.000$)、RPFE(F值为2.04,$p=0.088$)上有显著差异。随着在北川老县城居住时间的增加,居民的地方认同感也逐渐增强,居住年限超过20年的居民,其RPI均值大于4.5,表现出强烈的地方认同感。随着居住年限的增加,居民对北川老县城作为纪念地的功能认知更强烈,居住年限超过10年的居民,其RPFM均值大于4.5,对北川老县城作为纪念遇难同胞地与怀念故土地非常认同。随着居住年限增加,居民对北川老县城作为科普地功能认知增强。

第五,亲朋遇难与否在RPI(F值为19.11,$p=0.000$)、RPFM(F值为22.03,$p=0.000$)、RPFE(F值为4.11,$p=0.044$)上有显著差异。有亲朋遇难者对北川老县城的地方认同反而更强烈。且有亲朋遇难者对北川老县城作为纪念地、科普地的感知和认同更高。可能因为有亲朋遇难者对汶川地震的记忆和经历更强烈,因此更认同北川老县城作为纪念遇难同胞的地方,作为展示地震灾难和抗震救灾的地方。

第六,个人地震中是否受伤在RPI(F值为8.64,$p=0.004$)、RPFM(F值为4.32,$p=0.038$)、RPFF(F值为5.55,$p=0.019$)上有显著差异。地震中受伤个人的地方认同感反而比未受伤者强。同时,地震中受伤个人的恐惧地、纪念地功能感知也比未受伤者强。

第七,个人地震中财产损失不同在RPI(F值为16.20,$p=0.000$)、RPFM(F值为11.63,$p=0.000$)、RPFE(F值为3.71,$p=0.006$)上有显著差异。地震中财产损失越大,地方认同感、将北川老县城作为纪念地的功能感知更强烈。

综上,居民人口统计学特征与受灾程度对地方认同、地方功能感知差异有不同程度的显著影响。从人口统计学特征上看,男性对北川老县城再现地震灾害、抗震救灾等科普地功能感知要强于女性,女性在恐惧地感知上要强于男性。随着年龄增长、在北川老县城居住年限的增加,居民的地方认同越强烈,对北川老县城作为纪念故人、怀念故土的纪念地功能感知和认同越强。随着文化程度的提高,居民对北川老县城作为旅游地的功能感知和认同越低,对北川老县城的恐惧地功能感知也逐渐减弱。从受灾程度上看,亲朋遇难、身体受伤、财产损失严重者在地方认同、纪念地功能感知上更强烈。个人受伤者的恐惧地功能感知更强。亲朋遇难、财产损失严重者的科普地功能感知更强烈。

四、居民地方行为意愿维度与特征

(一)地方行为意愿维度

为了解居民在北川老县城地震遗址的行为意愿维度,我们对 307 份居民问卷的 6 个相关题项进行了因子分析。我们采用探索性因子分析(EFA),将地方行为意愿进行因子划分。KMO 值为 0.755(>0.6),Bartlett's 球形检验卡方值为 1375.850($p=0.000$),数据满足因子分析要求。随后,进一步采用主成分法、最大方差法进行因子轴旋转,提取特征值大于 1 的公因子,删除因子载荷低于 0.5 的题项,得到 2 个公因子,累积方差贡献率为 85.1%(见表 5-7)。

表 5-7　居民地方行为意愿测量指标探索性因子分析结果

维度	因子	题项	载荷	贡献率	Cronbach's α
地方行为意愿	地方保护意愿(RPPI)	RPPI1	0.908	43.8%	0.927
		RPPI2	0.921		
		RPPI3	0.942		
	地方重访意愿(RPBI)	RPBI1	0.869	41.3%	0.893
		RPBI2	0.931		
		RPBI3	0.888		

第一个因子为地方保护意愿(RPPI),累积方差贡献率为 43.8%,包含希望遗址得到保护(RPPI1)、愿意积极参加遗址保护(RPPI2)、愿意为遗址保护捐款(RPPI3)。第二个因子为地方重访意愿(RPBI),累积方差贡献率为 41.3%,包含会经常回来(RPBI1)、会带亲朋来(RPBI2)、会推荐给别人(RPBI3)。

(二)地方行为意愿特征

居民地方重访意愿均值 $M_{\mathrm{RPBI}}=3.98$,说明居民重访北川老县城的意愿较强。同时,居民地方保护意愿均值 $M_{\mathrm{RPPI}}=4.64$,且 RPPI1、RPPI2、RPPI3 均值均大于 4.5,说明居民对北川老县城遗址得到保护、参加遗址保护、为遗址保护捐款的意愿更加强烈(见表 5-8)。

表 5-8　居民地方行为意愿测量指标均值与标准差分析结果

维度	题项	均值	标准差
地方行为意愿	RPBI	3.98	0.962
	RPBI1	3.99	1.045
	RPBI2	3.94	1.084
	RPBI3	4.02	1.049
	RPPI	4.64	0.620
	RPPI1	4.70	0.644
	RPPI2	4.64	0.634
	RPPI3	4.60	0.709

为进一步了解不同人口统计学特征、受灾程度在地方重访意愿(RPBI)和地方保护意愿(RPPI)上是否存在差异,我们运用单因素方差分析来检验组间差异的显著性(见表 5-9)。

表 5-9　居民地方行为意愿单因素方差分析及均值比较

项目		地方重访意愿(RPBI)	地方保护意愿(RPPI)
居住年限	F 值	8.88***	3.17**
	≤5($N=61$)	3.60	4.50
	6~10($N=43$)	3.73	4.57
	11~20($N=84$)	3.94	4.61
	21~30($N=40$)	3.99	4.62
	≥30($N=79$)	4.45	4.84

续表

项目		地方重访意愿(RPBI)	地方保护意愿(RPPI)
亲朋遇难	*F* 值	6.58**	
	有(*N*=234)	4.06	
	无(*N*=73)	3.73	
身体受伤	*F* 值	5.03**	
	有(*N*=82)	4.18	
	无(*N*=225)	3.91	
财产损失	*F* 值	2.25*	
	没有(*N*=20)	3.93	
	极少(*N*=14)	3.64	
	一般(*N*=61)	3.81	
	较多(*N*=67)	3.85	
	严重(*N*=145)	4.14	

注：*** 表示显著性水平 $p<0.001$，** 表示显著性水平 $p<0.05$，* 表示显著性水平 $p<0.1$。

第一，不同性别、年龄、文化程度的居民在居民地方重访意愿、地方保护意愿上无显著差异。

第二，不同居住年限居民在地方重访意愿(*F* 值为 8.88，$p=0.000$)、地方保护意愿(*F* 值为 3.17，$p=0.048$)上有显著差异。随着在北川老县城的居住年限增加，居民的地方重访意愿、地方保护意愿逐渐增强。

第三，亲朋遇难与否对居民地方重访意愿(*F* 值为 6.58，$p=0.011$)存在显著影响。亲朋遇难者地方重访意愿显著强于亲朋未遇难者，这可能与返回故地、纪念故人、哀悼亲人有关。

第四，个人身体受伤者的地方重访意愿显著强于未受伤者，*F* 值为 5.03($p=0.026$)。

第五，不同程度财产损失受访者在地方重访意愿(*F* 值为 2.25，$p=0.064$)上有显著差异。财产损失严重者地方重访意愿最强烈。

根据以上分析，地方重访意愿受到居住年限、亲朋遇难、身体受伤、灾难中财产损失等因素影响，且居住年限越长、地震中有亲朋遇难、身体受伤的居民其地方重访意愿越强烈,这可能与灾后纪念故人行为有关系。地方保护意愿受居住年限的影响显著,居住年限越长的居民地方保护意愿越强烈。

五、居民集体记忆、地方功能感知、地方行为意愿相关关系模型

居民对北川老县城地震遗址的集体记忆包含一系列正向与负向的记忆(回忆)、情感、观念,包括灾难记忆、创伤情感、抗灾记忆、怀旧记忆、观念启示等维度。居民地方功能感知包括纪念地功能感知、科普地功能感知、旅游地功能感知、恐惧地功能感知。居民地方行为意愿包括灾后居民对北川老县城的地方保护意愿与地方重访意愿。为探索居民集体记忆、地方功能感知、地方行为意愿各维度之间的关系,本书采用 SPSS 21 软件的 Pearson 相关分析来检验潜在变量之间的相关性。

(一)集体记忆与地方功能感知相关性

由 Pearson 相关分析得到:纪念地功能感知与抗灾记忆高度正相关($r=0.339$,$p=0.000$),与怀旧记忆高度正相关($r=0.429$,$p=0.000$),与观念启示也高度正相关($r=0.399$,$p=0.000$);科普地功能感知同样与抗灾记忆($r=0.134$,$p=0.019$)、怀旧记忆($r=0.141$,$p=0.014$)、观念启示($r=0.179$,$p=0.002$)呈显著正相关关系(见表 5-10)。这说明抗灾记忆、怀旧记忆、观念启示等唤起对于居民建构地方纪念地功能、科普地功能具有显著积极影响,反之纪念地功能、科普地功能的建构对于居民唤起抗灾记忆、怀旧记忆以及对灾难的观念启示也有积极的影响。旅游地功能感知与灾难记忆($r=0.172$,$p=0.002$)、创伤情感($r=0.162$,$p=0.005$)呈显著正相关。恐惧地功能感知也与灾难记忆($r=0.109$,$p=0.057$)、创伤情感($r=0.462$,$p=0.000$)呈显著正相关关系,说明灾难记忆与创伤情感的唤起会加深居民的地方恐惧感,反之地方恐惧特征的建构也会强化居民的灾难记忆与创伤情感。

表 5-10　居民集体记忆与地方功能感知各维度之间 Pearson 相关

项目			地方功能感知			
			纪念地 (RPFM)	科普地 (RPFE)	旅游地 (RPFT)	恐惧地 (RPFF)
集体记忆	灾难记忆 (RDM)	Pearson 相关	−0.017	0.010	0.172**	0.109*
		显著性(双侧)	0.716	0.861	0.002	0.057
	创伤情感 (RTE)	Pearson 相关	0.041	−0.036	0.162**	0.462***
		显著性(双侧)	0.473	0.530	0.005	0.000
	抗灾记忆 (RFDM)	Pearson 相关	0.339***	0.134**	−0.011	−0.006
		显著性(双侧)	0.000	0.019	0.851	0.914
	怀旧记忆 (RNM)	Pearson 相关	0.429***	0.141**	−0.057	−0.056
		显著性(双侧)	0.000	0.014	0.316	0.328
	观念启示 (RIA)	Pearson 相关	0.399***	0.179**	−0.005	−0.049
		显著性(双侧)	0.000	0.002	0.933	0.388

注：*** 表示显著性水平 $p < 0.001$，** 表示显著性水平 $p < 0.05$，* 表示显著性水平 $p < 0.1$。

(二)地方功能感知与地方行为意愿相关性

由 Pearson 相关分析得到，地方保护意愿与纪念地($r = 0.282$，$p = 0.000$)、科普地($r = 0.290$，$p = 0.000$)功能感知高度正相关，与恐惧地感知呈显著负相关($r = -0.145$，$p = 0.011$)，说明纪念地、科普地功能提升对于居民地方保护意愿提升具有显著正向影响，而居民恐惧地功能感知提升反而会削弱地方保护意愿(见表 5-11)。居民地方重访意愿与纪念地($r = 0.219$，$p = 0.000$)、科普地($r = 0.141$，$p = 0.014$)功能感知呈显著正相关，说明北川老县城地震遗址的纪念地、科普地功能提升对于居民地方重访意愿有显著的积极影响。

表 5-11　居民地方功能感知与地方行为意愿各维度之间 Pearson 相关

项目			地方行为意愿	
			地方保护意愿(RPPI)	地方重访意愿(RPBI)
地方功能感知	纪念地(RPFM)	Pearson 相关	0.282***	0.219***
		显著性(双侧)	0.000	0.000
	科普地(RPFE)	Pearson 相关	0.290***	0.141**
		显著性(双侧)	0.000	0.014
	旅游地(RPFT)	Pearson 相关	−0.057	−0.006
		显著性(双侧)	0.317	0.921
	恐惧地(RPFF)	Pearson 相关	−0.145**	−0.038
		显著性(双侧)	0.011	0.504

注:*** 表示显著性水平 $p<0.001$,** 表示显著性水平 $p<0.05$。

(三)集体记忆、地方功能感知、地方行为意愿相关关系模型

图 5-4 显示,抗灾记忆、怀旧记忆、观念启示等集体记忆的正向维度与纪念地、科普地功能感知呈显著正相关关系,说明居民抗灾记忆、怀旧记忆、观念启示等的唤起,能加强纪念地、科普地功能感知,而北川老县城纪念地、科普地功能建构亦能促进游客怀旧记忆、抗灾记忆以及观念启示等感受。

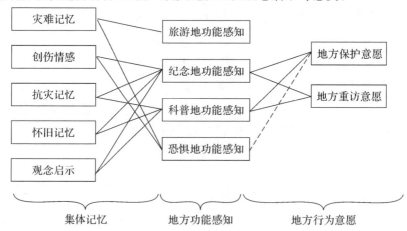

图 5-4　居民集体记忆、地方功能感知、地方行为意愿相关关系模型
注:——表示正相关($p=0.10$);……表示负相关($p=0.10$)。

同时,纪念地、科普地功能感知与地方保护意愿、地方重访意愿具有显著正相关关系,说明增强纪念地、科普地功能感知,可以加强居民地方保护意愿与地方重访意愿。而恐惧地功能感知与地方保护意愿呈显著负相关关系,说明北川老县城恐惧地功能建构反而削弱居民地方保护意愿。

六、居民集体记忆、地方认同、地方行为意愿结构方程模型

(一)研究假设与概念模型

在理论研究和探索性因子分析的基础上,本书构建了揭示居民集体记忆、地方认同、地方行为意愿关系的概念模型(见图5-5)。该模型是一个具有因果关系的结构方程模型,包含8个潜变量和7条因果关系链,研究假设如下。

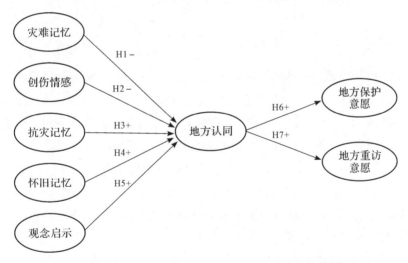

图 5-5　居民集体记忆、地方认同、地方行为意愿结构方程模型假设

注:＋表示正向影响;一表示负向影响。

1. 灾难记忆与创伤情感对地方认同有负向影响

Fullilove(1996)认为灾难事件摧毁个人熟悉的环境,通过切断个人与地方的关系摧毁人们对地方的依恋和归属,破坏地方在个人心中的象征意义,截断认同的连续性。个人由灾难引起的地方毁灭和地方移置转化成创伤记忆。记忆伴随情感,创伤记忆的唤起带来不适和悲伤,进一步削弱人与地方积极的情

感联系,影响地方认同。Hutchison & Bleiker(2008)认为灾难事件的突发性和恐怖性超出人们的先验认知,带来人们身体和精神所不能承受的创伤,从而引发一系列强烈的情感,如痛苦、恐惧和敬畏。情感的冲击使得个人与周围的世界分裂和解体,从而破坏个人的地方认同。Bird et al. (2011)研究了冰岛火山喷发、海啸、闪电的三个灾区,发现居民的灾难经历严重削弱地方依恋、地方认同。Muzaini(2015)探讨了二战马来西亚战役经历者回到战争故地的个人体验,发现个人会回避那些曾经给生活带来创伤和有害记忆的地方。其无形中产生阻碍意识,削弱对这些地方重要性、依赖性的评价,行动上阻止进入创伤发生地。

基于以上,我们提出假设:

H1:灾难记忆对地方认同有负向影响。

H2:创伤情感对地方认同有负向影响。

2. 抗灾记忆对地方认同有正向影响

灾难破坏人造和自然景观,加深居民的迷失方向感。恢复物理形态和有象征意义的地方被认为是灾区重建和恢复地方感的关键。Silver & Grek-Martin (2015)研究了加拿大安大略龙卷风后的恢复,发现志愿者和政府组织的灾后恢复行为,如清理废墟、植树、房屋加固,通过提升生活环境质量而提升受灾者的地方认同。Cox & Perry(2011)研究了加拿大路易斯克里克和巴利耶尔社区在经历火灾后的居民地方感受,结果显示灾难带来的苦恼、困惑、悲伤经历使得人们被迫逃离家园,重新种植绿化植被等重建经历使得人们产生积极的地方认同,把人们带到正常的地方感受。

基于以上,我们提出假设:

H3:抗灾记忆对地方认同有正向影响。

3. 怀旧记忆对地方认同有正向影响

Morrice(2013)认为在灾后损失重大和流离失所情况下,为了寻找和保持个人身份的稳定,人们会出现对过去的怀旧,想返回家乡并希望回到更稳定的生活。Fullilove(1996)关于灾难引起地方移置的研究显示,个人在适应陌生环境时容易产生地方迷失而导致强烈的地方怀旧,表现出怀念原来环境中地方、人、事物等。怀旧与历史、地方存在着联系,蕴含对历史、地理、文化的追溯。地方是意义、认同、感受的建构,而怀旧记忆是支撑地方建构的核心要素(Yeoh & Kong,1997)。Ardakani & Oloonabadi(2011)认为怀旧记忆是集体记忆的重要组成,是地方可持续保护的重要驱动力。怀旧记忆被唤起,可以引发地方认同,增强地方依恋,若是被忽视或遗忘,地方会失去社会文化能力。Pirta et al.(2014)研究了喜马拉雅西部巴克拉水利大坝建设引起的居民地方移置对地方依恋和地方认同的影响,结果表明流离失所近50年后,居民依然能激活地方记忆,支撑他们积极的地方认同而返回原居住地。

基于以上,我们提出假设:

　　H4:怀旧记忆对地方认同有正向影响。

4. 观念启示对地方认同具有正向影响

根据心理距离理论,灾难事件发生后人们倾向于压抑关于这些事件的记忆,远离创伤有助于避免产生更多的焦虑和悲痛。同时,不同的群体对灾难的看法与评价会存在分歧,但随着时间推移,群体会愿意回忆和正视过去,强调事件对生活及社会的影响。Kalinowska(2012)认为正视灾难带来的经验、启示,树立支撑集体团结和凝聚的观念,可以使得个体从灾难痛苦和创伤中抽离出来。Nagel(2002)研究了经历内战的黎巴嫩首都贝鲁特如何从战争中吸取有益经验,重新定义动荡过去,创建合理的国家集体记忆,以提升民族凝聚力和国家认同。Parsizadeh et al. (2015)认为2003年伊朗大地震后,通过树立积极文化信仰、观念启示,提升了居民的社区凝聚力和地方认同,增强了灾害恢复力。

基于以上,我们提出假设:

　　H5:观念启示对地方认同具有正向影响。

5. 地方认同对地方保护意愿有正向影响

地方认同与地方保护意愿间的关系,在地方、环境心理领域已有相当的实证研究。尽管灾难背景下地方认同与地方保护意愿研究较少,但有限的研究也证明了两者的正向影响关系。例如:Kaltenborn(1998)研究了挪威斯瓦尔巴群岛石油泄漏灾害的居民地方感,发现具有强烈地方感(地方认同)的居民更愿意清理海滩和收集垃圾。Silver & Grek-Martin(2015)发现,加拿大安大略农村社区龙卷风后居民积极的地方感(地方认同)对参与灾后植树保护活动具有显著影响。Zhang et al.(2014)研究显示汶川地震后九寨沟居民地方认同越强,其环境保护行为意愿越强。

基于以上,我们提出假设:

H6:地方认同对地方保护意愿有正向影响。

6.地方认同对地方重访意愿有正向影响

灾难事件背景下,地方认同(地方感)被认为是居民地方返回的重要驱动力(Bonaiuto et al.,2016)。例如:Chamlee-Wright & Storr(2009)以卡特里娜飓风后的新奥尔良第九居民区为研究对象,发现灾后居民的地方依恋、地方认同和地方依靠感更强烈,这种强烈的地方感是驱动他们返回故乡的重要因素。Morrice(2013)亦调查了卡特里娜飓风后居民的地方返回意愿,发现地方怀旧及在此基础上强烈的地方情感、认同在居民地方返回决策中起着重要作用。尽管北川老县城的灾难导致了地方毁灭,居住与生活功能已不复存在,居民的地方行为也像游客一样,局限于短暂的地方停留;诚然,短暂的地方重访与上述案例有所区别,但不可否认地方重访也是地方返回的特殊形式。而北川老县城仍然发挥着居民怀旧、纪念等功能,地方认同对于居民的地方重访起着驱动作用。

基于以上,我们提出假设:

H7:地方认同对地方重访意愿有着正向影响。

(二)结构模型检验

在使用 AMOS 22 软件进行结构方程拟合前,我们先对样本量进行判定。Thompson(2000)认为,结构方程模型(SEM)所需的样本量为观测变量的 10 倍至 15 倍较好。本书包含 27 个观测变量,统计有效样本数为 307,因此满足以上要求。其次,由于 AMOS 软件采用极大似然法进行参数估计,要求样本观测变量数据呈正态分布。一般,正态分布要求数据的偏度系数绝对值小于 3,峰度系数绝对值小于 10(Joseph et al.,1998)。本书除了 RPPI1(希望北川老县城地震遗址得到保护)偏度为 -3.09,峰度为 12.92,稍高于标准值,其他样本数据均小于标准,满足正态分布。

结构方程拟合分三步。第一步,对测量模型进行检验,采用验证性因子分析(confirmative factor analysis,CFA)检查测量模型的因子载荷,并对测量模型进行信度和效度检验,以判断各观察变量对潜在变量的解释能力。第二步,对样本的模型适配度进行拟合度检验,以判断理论模型与调查数据是否有显著差异。第三步,如果结构方程模型拟合不佳,可以对模型进行适度修正。

1.验证性因子分析

删除标准化载荷较低的观测变量 RTE1(标准化载荷为 0.48),所有观测变量标准化载荷介于 0.683 到 0.956 之间,大于 0.6 的可接受标准(见表 5-12)。标准误(S. E.)较小,并没有出现较大的标准误差。如果临界比的绝对值大于1.96,则参数估计值在 0.05 水平下显著,如果大于 2.58,则在 0.001 水平下显著。根据计算,t 值均大于 2.58,达到 0.001 显著水平。我们将模型复平方相关系数(SMC),作为检验信度的标准,主要用于测度变量之间的关系,取舍值 SMC>0.3。测得的 SMC 值介于 0.466 到 0.914 之间,显著大于标准 0.3,表明量表总体之间存在相关关系。潜变量的组合信度(CR)介于 0.855 到 0.916之间,均大于标准 0.7。平均方差抽取量(AVE)介于 0.666 到 0.815 之间,均大于标准 0.5,说明观测变量对潜变量具有较强的说服力。

表 5-12　居民集体记忆、地方认同、地方行为意愿验证性因子分析结果

潜变量	观测变量	非标准化因子载荷	标准化因子载荷	S. E.	t	SMC	CR	AVE
灾难记忆(RDM)	RDM1	1.000	0.901			0.812	0.916	0.785
	RDM2	0.957	0.916	0.041	23.078***	0.839		
	RDM3	0.820	0.839	0.041	19.969***	0.704		
创伤情感(RTE)	RTE2	1.000	0.688			0.473	0.866	0.686
	RTE4	1.575	0.886	0.116	13.533***	0.785		
	RTE5	1.568	0.895	0.116	13.574***	0.801		
抗灾记忆(RFDM)	RFDM1	1.000	0.820			0.672	0.914	0.781
	RFDM2	1.095	0.943	0.054	20.447***	0.889		
	RFDM3	1.091	0.885	0.057	19.014***	0.783		

续表

潜变量	观测变量	非标准化因子载荷	标准化因子载荷	S. E.	t	SMC	CR	AVE
怀旧记忆 (RNM)	RNM1	1.000	0.832			0.692	0.864	0.681
	RNM2	0.914	0.773	0.061	15.025***	0.598		
	RNM3	1.086	0.867	0.063	17.305***	0.752		
观念启示 (RIA)	RIA1	1.000	0.683			0.466	0.855	0.666
	RIA2	1.102	0.839	0.085	12.998***	0.704		
	RIA3	1.249	0.910	0.092	13.547***	0.828		
地方认同 (RPI)	RPI1	1.000	0.930			0.865	0.933	0.737
	RPI2	0.774	0.849	0.034	22.718***	0.721		
	RPI3	1.088	0.820	0.052	20.946***	0.672		
	RPI4	1.068	0.877	0.043	24.653***	0.769		
	RPI5	0.906	0.812	0.044	20.469***	0.659		
地方保护意愿 (RPPI)	RPPI1	1.000	0.835			0.697	0.930	0.815
	RPPI2	1.078	0.914	0.051	21.061***	0.835		
	RPPI3	1.260	0.956	0.057	22.075***	0.914		
地方重访意愿 (RPBI)	RPBI1	1.000	0.832			0.692	0.898	0.747
	RPBI2	1.194	0.956	0.060	20.014***	0.914		
	RPBI3	0.962	0.796	0.058	16.575***	0.634		

注:*** 表示显著性水平 $p < 0.001$。

2. 模型拟合度检验

我们对样本的模型适配度进行拟合度检验。结果显示,卡方值为739.852,自由度为282。卡方自由度比值 χ^2/df 为 2.624 < 3($p = 0.000$);AGFI 为 0.809,GFI 为 0.847,均大于 0.8;RMR 为 0.051,稍大于 0.05;RMSEA 为 0.073,小于 0.08。PGFI 为 0.680,PNFI 为 0.774,均大于 0.5。CFI 为 0.930,大于 0.9;NFI 为 0.892,稍小于 0.9;IFI 为 0.930,大于 0.9(见表 5-13)。虽然模型的拟合结果尚可,简约拟合指数达到要求,但 RMR 稍偏大,NFI 稍偏小,模型可以考虑进一步修正。

表 5-13　居民集体记忆、地方认同、地方行为意愿结构方程模型拟合结果

指标	绝对拟合指数					简约拟合指数		相对拟合指数		
	χ^2/df	AGFI	GFI	RMR	RMSEA	PGFI	PNFI	CFI	NFI	IFI
标准	1~3	>0.8	>0.8	<0.05	<0.08	>0.5	>0.5	>0.9	>0.9	>0.9
模型	2.624	0.809	0.847	0.051	0.073	0.680	0.774	0.930	0.892	0.930
修正模型	2.553	0.815	0.853	0.050	0.071	0.678	0.769	0.933	0.898	0.934

3. 模型修正

为了提高模型的拟合性,我们通过 AMOS 软件的修正指数(MI)对模型进行修正。按统计意义,修正指数是指自由度为 1 时,前后两个估计模型卡方值之间的差异值是参数界定正确与否的标准。一般认为,当修正指标大于3.84 时才有修正的必要(Bagozzi & Yi,1988)。按照模型修正原则(吴明隆,2010),我们进行如下操作:①增加潜变量与潜变量之间的关系;②删除模型中不显著潜变量与测量变量之间的关系;③增加或减少潜变量之间的相关关系;④增加样本容量;⑤增加残差项之间的共变关系,可以提高模型的适配度指标。

本书遵循文献理论设计的潜变量之间的路径关系,因此不考虑修正潜变量之间的路径和相关关系。验证型因子分析显示,模型中潜变量与测量变量的关系均为显著,因此排除删除不显著潜变量与测量变量之间的关系。同时,在样本容量确定且无法增加的前提下,考虑增加残差项之间的共变关系,来提高模型适配性。

在理论模型中,各观察变量的误差没有相关,但实际模型与数据拟合中同一潜变量下的观察变量的误差存在一定的相关性是合理的(吴明隆,2010)。修正指数显示:若 e13 与 e14 相关,可降低 7.971 个卡方值;若 e18与 e19 相关,可降低 7.443 个卡方值;若 e16 与 e17 相关,可降低 7.298 个卡方值(见图 5-6)。按照每次释放一个参数的原则,我们逐次修正模型,并得到最终的模型(见表 5-14)。

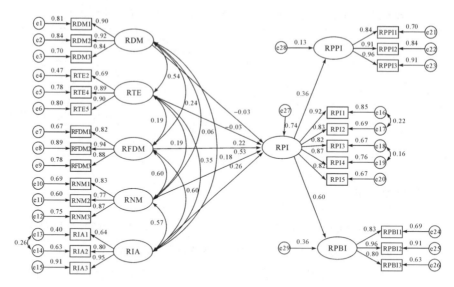

图 5-6　居民集体记忆、地方认同、地方行为意愿结构方程模型修正

注:(RDM)为居民灾难记忆、(RTE)为居民创作情感、(RFDM)为居民抗灾记忆、(RNM)为居民怀旧记忆、(RIA)为居民观念启示、(RPI)为居民地方认同、(RPPI)为居民地方保护意愿、(RPBI)为居民地方重访意愿。

表 5-14　居民集体记忆、地方认同、地方行为意愿结构方程模型修正结果

残差相关	MI	Par change
e13↔e14	7.971	0.041
e18↔e19	7.443	0.059
e16↔e17	7.298	0.027

修正后模型卡方值为 712.342,自由度为 279;χ^2/df 减小为 2.553。AGFI 为 0.815,GFI 为 0.853,均有增大且大于 0.8;RMR 为 0.050,RMSEA 为 0.071,均有减小。PGFI 为 0.678,PNFI 为 0.769。CFI 为 0.933,NFI 为 0.898,IFI 为 0.934,均有增大。尽管 NFI 还是稍小于 0.9,但修正后其他指数均达到标准,模型适配更佳。

(三)影响机制分析

1.路径系数分析

潜变量之间的路径系数显示了集体记忆、地方认同、地方行为意愿之间的关系。由表5-15可知,抗灾记忆(RFDM)、怀旧记忆(RNM)、观念启示(RIA)对地方认同(RPI)有正向影响,作用路径系数分别为0.221($p=0.000$)、0.527($p=0.000$)、0.263($p=0.000$),因此接受假设H3、H4、H5。灾难记忆(RDM)、创伤情感(RTE)对地方认同(RPI)有负向影响,作用路径系数分别为-0.031($p=0.512$)、-0.034($p=0.498$),作用效果不显著,因此拒绝假设H1、H2。地方认同(RPI)对地方保护意愿(RPPI)和地方重访意愿(RPBI)具有正向影响,作用路径系数分为0.363($p=0.000$)、0.599($p=0.000$),因此接受假设H6、H7。

表5-15　居民集体记忆、地方认同、地方行为意愿结构方程模型路径系数估计

	作用路径			UNSTD	STD	S. E.	CR	p
H1	地方认同(RPI)	←	灾难记忆(RDM)	-0.025	-0.031	0.038	-0.655	0.512
H2	地方认同(RPI)	←	创伤情感(RTE)	-0.050	-0.034	0.074	-0.677	0.498
H3	地方认同(RPI)	←	抗灾记忆(RFDM)	0.262	0.221	0.066	3.960	***
H4	地方认同(RPI)	←	怀旧记忆(RNM)	0.613	0.527	0.069	8.921	***
H5	地方认同(RPI)	←	观念启示(RIA)	0.453	0.263	0.099	4.557	***
H6	地方保护意愿(RPPI)	←	地方认同(RPI)	0.228	0.363	0.037	6.146	***
H7	地方重访意愿(RPBI)	←	地方认同(RPI)	0.608	0.599	0.058	10.404	***

注:*** 表示显著性水平$p<0.001$。

2.集体记忆、地方认同、地方行为意愿之间的关系

第一,灾难记忆、创伤情感对地方认同影响不显著。

按照现有理论假设,灾难记忆、创伤情感对地方认同产生负向影响。具体来说,灾难纪念地唤起的负面灾难记忆与情感,会破坏地方在个人心中的象征意义,摧毁人们对地方积极的情感联系,进一步削弱地方认同(Bird,2011;Hutchison & Bleiker,2008;Muzaini,2015),而本书的研究否定了以上假设。

尽管灾难记忆、创伤情感对地方认同有负向影响,但其路径作用效果不显著。这可能因为汶川地震过去约10年,随着时间流逝、灾后恢复推进及灾后宣传影响,以及居民的地震记忆、创伤情感逐渐变弱。这也从第一阶段访谈中得到印证,一位受访者表示:"前几年是趋于悲伤,现在过了悲痛时期,更多是平静,能理性地看待这一些……"(女,25岁,在北川老县城生活10余年)。第二阶段的问卷调查显示,灾难记忆(M_{RDM}=4.19)、创伤情感(M_{RTE}=3.83)均值均小于抗灾记忆(M_{RFDM}=4.25)、怀旧记忆(M_{RNM}=4.41)、观念启示(M_{RIA}=4.53)。随着居民的地震记忆、创伤情感变弱,其对于地方认同的负向影响也就不显著。因此,此研究结论挑战了现有理论观念。尽管北川老县城地震遗址唤起的负面记忆、情感对地方认同产生负向影响,但需要考虑这些负面记忆、情感的程度。随着时间与灾后恢复的推进,这种负向的影响可以被削弱到不显著。这也从一定程度上反映了北川老县城居民的灾后心理恢复过程。

第二,抗灾记忆对地方认同具有显著正向影响。

本书关于抗灾记忆对地方认同具有正向影响的假设得到验证。地震时期生死与共、相互救助,灾后数年间来自全国各地的帮助、地震遗址保护与北川新城建设也给居民留下了深刻的记忆。一位受访者谈道:"地震之后,国家政策好,让我们有地方住、吃,又发钱,给我们造房子……"(男,49岁,在北川老县城居住30年以上)问卷调查显示抗灾记忆的均值M_{RFDM}=4.25,印证居民较强的抗灾记忆。汶川地震及灾后余震、堰塞湖、泥石流等系列灾难的抗灾救援,北川老县城的抢救性挖掘与保护,居民灾后安置与异地重建等,都是从物理环境上保护与恢复居民的家乡。虽然老县城在灾难中失去了原来的居住与生产功能,在灾后恢复中地方的功能性做了调整,仅作为灾难纪念地、科普教育地等,但在一定程度上重新建立起居民与地方的功能性连接与情感联系。因此,重访北川老县城地震遗址,回忆起这些积极的抗灾及重建经历,在一定程度上拉近了居民与地方的距离,从而增强了居民的地方认同感。

第三,观念启示对地方认同具有显著正向影响。

灾后恢复不仅是物质意义上的人员抢救,城市基础设施、房屋建筑的保护与重建,更是用一种文化和道德意义上可以接受的方式与过去灾难事件建立有意义的联系,对重大创伤事件进行再解释(Kalinowska,2012)。因此,对灾难的审视、抗灾经验和精神的汲取尤为重要。本书关于灾难事件的观念启示对于地方认同具有正向影响的假设得到验证。基于汶川地震等系列灾难记忆、创伤情感、抗灾重建经历形成的观念启示,诸如人与自然(尊重自然)、人与地方的关系(热爱家乡)、灾难与生命的关系(珍爱生命)、积极的抗灾精神(一方有难,八方支援)等组成了受灾群体共享的集体记忆。问卷调查显示,观念启示均值($M_{RIA}=4.53$)相较集体记忆其他维度都要高,同时其对地方认同的影响也较强。

第四,怀旧记忆对地方认同具有显著正向影响。

地震造成无法逆转的灾难与损失,北川老县城的居民被迫异地安置。Fullilove(1996)认为个人在失去熟悉环境、被迫适应陌生环境时,容易产生地方迷失而导致强烈的地方怀旧,表现出怀念原来环境中的地方、人、事物等。Morrice(2013)认为重大灾难和损失情况下,对过去的怀旧是个人寻找身份稳定的途径。即使地方毁灭,许多居民仍然能回忆起北川老县城熟悉的地方(家、工作地、生活地等),怀念逝去的亲人朋友、老县城的人际关系,有很多难以忘记的事情。一位60岁、世代居住在北川老县城、地震中受灾严重的受访者经常回忆起"老县城生活中的片段,生活中的点点滴滴,对往事的追忆、回味……住在新县城这么多年了,感觉与这个地方有隔阂,总觉得不是自己家,没能够融入……"结构方程结果显示,怀旧记忆对地方认同具有显著正向影响,且怀旧记忆相比抗灾记忆、观念启示,对地方认同的影响更大。怀旧记忆更大程度上是对地震前北川的自然环境、人文社会等的追忆,构成了地方集体记忆的重要来源,也是居民对于北川老县城地方功能型认同、情感型联系、个人身份与物理环境连接的重要支撑,也是地方认同最大的支撑。

第五,地方认同对地方保护意愿与地方重访意愿具有显著正向影响。

地方认同是个人基于对物理环境的一系列正面和负面认知判断而产生身份的依附(Proshansky,1983)。结构方程证明了地方认同对地方保护意愿、地方重访意愿具有显著正向影响。灾难事件造成悲剧和损失,通过创伤、痛苦经历改变人与地方之间的关系。然而,地震过去约10年,居民对北川老县城的地方认同并没有随着地方毁灭、地方功能改变而走向极端负面。访谈中很多受访者表示出深厚的地方认同,比如"一生中最重要的地方,独一无二"、"山清水秀,环境好,气候好,人特别真诚"、"还是老家好,有深厚感情"、"比起永昌,更喜欢老北川"等。问卷调查也显示地方认同各测量题项均值均大于4,且总体均值 $M_{RPI}=4.29$,说明居民具有较强的地方认同。同时,居民对北川老县城地震遗址作为纪念地(悼念故人与故土)、科普教育地的功能感知与认同也十分强烈。问卷调查分析显示,纪念地功能感知总体均值 $M_{RPFM}=4.62$,科普地功能感知总体均值 $M_{RPFE}=4.22$。因此,居民希望遗址得到保护,愿意积极参加遗址保护活动,愿意为遗址保护捐款,愿意经常回来、带亲朋来及推荐给别人。

综上,居民集体记忆、地方认同、地方行为意愿结构方程模型见图 5-7。

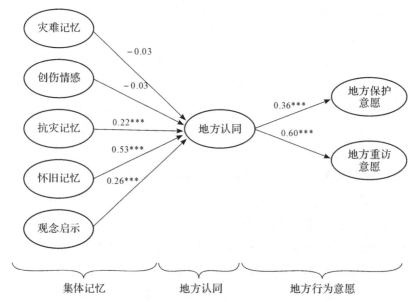

图 5-7　居民集体记忆、地方认同、地方行为意愿结构方程模型

注:*** 表示显著性水平 $p<0.001$。

第六章　游客视角下的集体记忆与地方建构

一、游客地方意象与集体记忆

本书对 165 份游客(样本信息见附录)开放式问卷进行编码分析,提取北川老县城地震遗址让游客最难忘的地方、认知、情感等。根据游客在地图上标记的地方,我们运用 ArcGIS 10 软件绘制成游客集体认知空间地图、情感空间地图,针对各专项地图的空间集聚点进行核密度分析,并整理出游客地方意象与集体记忆。

(一)认知空间与记忆

1.认知空间与类型

根据开放问卷,游客对北川老县城最难忘的地方共计 188 处(包括重复的地方,见图 6-1)。提及最多的是北川中学茅坝校区(26.1%)、曲山小学(17.6%)、老县城(13.8%)、遇难者公墓(8.0%)、公安局(3.7%)、红旗(2.7%)、篮球架(2.7%)、山(2.7%)、农信社(2.7%)、建筑房屋(2.7%)、地面(2.7%)、北川县委(2.1%)、北川职业中学(2.1%)、北川县政府(1.6%)、鲜花(1.6%)、北川大酒店(1.1%)、农业银行(1.1%)、电力公司(1.1%)、芭蕾女孩(1.1%)、可乐男孩(0.5%)、生命之洞(0.5%)、废墟上的恋人(0.5%)、横幅(0.5%)等。

节点(地标)、道路、区域、边界是人们感知地方和组织心理意象的元素。188 处游客提到难忘的地方中,153 处为节点空间,占 81.4%,35 处为面状空间,占 18.6%。不少游客提到诸如红旗、篮球架、鲜花、横幅等元素类的小地方,甚至是"芭蕾女孩"、"可乐男孩"、"生命之洞"、"废墟上的恋人"等刻有感人

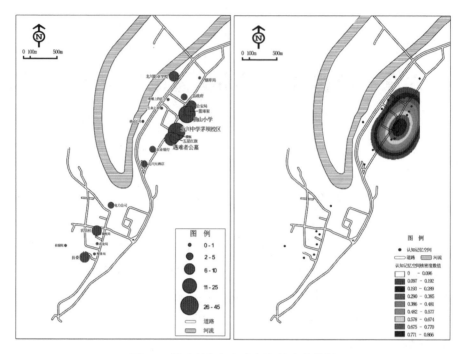

图 6-1　游客认知记忆空间与核密度分析

故事的标识牌,也提到整个老县城、山、地面等大区域。Tuan(1977)认为,地方是高度概括人与物体(thing)、空间(place)、土地(landscape)、区域(region)等空间实体的经历和情感联系的抽象名词。地方具有尺度性,大到一个国家、一座城市、一个社区,小到一个房子、一个壁炉、一把椅子,都可以称为地方。游客在这些不同尺度、类型的地方上经历和体验,通过想象、感受、记忆等,构建和理解地方意义,与这些地方形成牢固、深刻的联系(Daniels,1992)。

　　从这些地方的空间分布来看,15处(8.0%)位于老县城南部老城区,129处(68.6%)位于北部新城区。通过对153处节点空间的核密度分析,我们得到认知记忆空间密集区在北部新城区北川中学茅坝校区、曲山小学、遇难者公墓一带,并向整个新城区延伸。新城区是老县城在地震中保存相对较好,展示地震现状、受灾情况,供游客参观的主要区域。北川中学茅坝校区、曲山小学一带因为在地震中损毁严重,遇难同胞数量最多,而遇难者公墓是埋葬遇难者遗体、缅怀和纪念遇难同胞的地方,因此得到较多游客关注,并使之留下深刻记忆。

2.灾难空间与灾难记忆、灾难认知、抗灾认知

　　游客难忘的地方都与地震有关,54%是灾难中同胞遇难地,27%是地震中自然人文环境损毁严重地,9%是抗震求生地,9%是唤起受访者地震记忆的地方。这些地方唤起了不少游客自身关于汶川地震的经历与记忆,也强化了游客对于地震场景、同胞遇难、抗震救灾的认知和记忆。

　　北川中学茅坝校区、曲山小学是游客提到较多最难忘的地方。由于学校靠山而建,地震造成山体滑坡,瞬间掩埋了学校校舍,造成大量人员伤亡,是地震中险情最严重、遇难者最多的地方。一位游客(男,22岁,来自四川广元)提到北川中学茅坝校区:"山上的石头滑落,房屋(校舍)全部倒塌。祖国花朵,年轻的生命,还未开始绽放就夭折……"学校建筑基本被山石掩埋,只剩下旗杆和残破的篮球架。一位游客(女,32岁,来自四川成都)提道:"只剩下五星红旗和篮球架,想象当时地震的情景,孩子们该有多害怕……"不少游客提到了老县城,对整个地震场景记忆印象深刻。一位游客(女,35岁,来自四川绵阳)认为:"地震不可想象,太突然了,自然力量太可怕了,破坏力太强了,整个县城变成一片废墟。"

　　很多游客对地震中北川老县城居民顽强抗灾、积极求生,以及政府抗灾重建等印象深刻。一位游客(女,30岁,来自江苏南京)对农信社记忆深刻:"一位母亲为了孩子坚强活下去,在地震中顽强求生,生命脆弱,生命顽强……"另一位游客(女,23岁,来自辽宁本溪)提道:"灾难带来巨大伤害,但是我们有坚强的领导和强大的祖国进行抗灾与灾后重建,老县城遗址保护得这么好,新县城建设得这么好……"

　　半数以上游客来自四川省($N=95,57.6\%$)或亲身经历过汶川地震($N=86,52.1\%$),因此在北川老县城地震遗址参观难免唤起他们一手的地震记忆。一位来自绵阳地震灾区的游客提道:"遗址让我再次回忆起地震地动山摇的情景,感到可怕,在我心中永远不会忘记……"(男,50岁,来自四川绵阳)很多四川的游客表示"往事历历在目"、"感同身受"、"回忆起身边很多人"。北川老县城地震遗址让他们回忆起在家乡经历的地震。另外半数的游客来自四川省外($N=70,42.4\%$)或未亲身经历地震($N=79,47.9\%$),很多是通过大众媒体获取的二手地震记忆。游客(男,31岁,来自广西柳州)提道:"想起'5·12'地震直播,真实得比影像图片更直观。"也有游客(女,23岁,来自河南洛阳)说:"现

实看到与电视感受完全不同,比记忆中的'5·12'更惨,很难想象北川发生的情况。"一位外地游客(女,24岁,来自江苏南京)回忆起地震期间自己的经历:

> 这里地震场景给人太大的心理冲击,让我不由自主地想到2008年地震场景,想到高考前某一天,我们在学校宿舍廊上听着鸣号声深深默哀,同学很多泣不成声……

Schreyer et al.(1984)认为,游客对地方的感知与评价建立在与过往经历对比的基础上,而这种对比涉及信息处理复杂的过程,包括回忆、组织、推理、判断、形成新的看法(Maestro et al.,2007)。

(二)情感空间与记忆

1.情感空间与类型

根据开放式问卷调查统计,这些游客难忘的地方唤起了包括悲伤/难过/心痛(32.0%)、震惊(20.3%)、恐惧/害怕(8.1%)、惋惜/可惜(22.4%)、缅怀(9.9%)、感动/感激(5.2%)、骄傲(2.0%)等情感(见图6-2)。情感是我们积极参与世界的方式,情感的多样性、复杂性是集体记忆区别于官方记忆和历史记忆的重要方面(Hoelscher & Alderman,2004)。一方面,一个地方可以唤起群体多样的情感。另一方面,一个人对一个地方也拥有许多不同甚至是截然相反的情感。灾难纪念地给游客带来的地震记忆/认知、抗灾记忆/认知及当地纪念仪式,可以唤起游客多样、复杂、矛盾的情感。

2.负面情感:悲伤、恐惧、震惊

尽管创伤学者普遍关注幸存者和目击者的灾难事件经历及随之而来的感情,然而,一部分学者认为创伤不仅局限于一手经历灾难事件的群体,还包括通过其他途径了解灾难事件且受影响的群体。McEwen et al.(2017)认为创伤是遇到突发性和恐怖事件,超出了人的先验认知,促使人形成一种心理危机,陷入痛苦和失落的状态,使人困惑不解,无法回答关键问题,甚至无法表达所感受到的情绪。Hutchison & Bleiker(2008)认为,不仅需要了解创伤的第一手经验相关群体及情感,也应该了解这些情感产生的集体情绪的传播和产生的方式。汶川地震造成了巨大灾难与损失,不仅是受灾者与灾难经历者的个人创伤,更是一场国难与国殇,对整个民族产生了巨大的情感伤害(唐雪元,2009)。参观遗

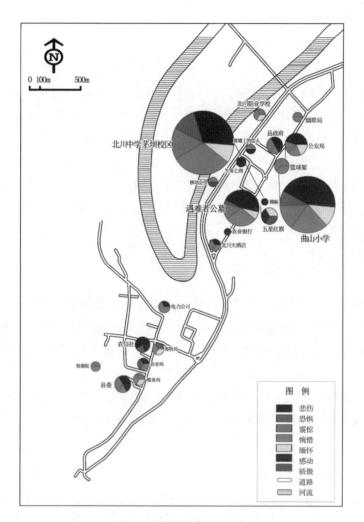

图 6-2　游客情感记忆空间

址是了解地震、重温灾难的过程,游客亦产生了悲伤/难过/心痛(32.0%)、震惊
(20.3%)、恐惧/害怕(8.1%)等负面情感。

　　绝大多数游客对地震造成的巨大人员伤亡感到悲伤、心痛、难过。北川中
学茅坝校区是游客提到最多、唤起悲伤情绪最多的地方。一位游客(男,45岁,
来自浙江杭州)表示:"孩子是祖国的希望与未来,多少家庭失去孩子,让父母痛
心至老,失去子女的感受做父母都痛心……"另一位游客(女,28岁,来自甘肃
兰州)表示:"中学生还这么小,没来得及看世界……这么多中学生都失去了生
命,作为一个妈妈,能体会到失去孩子的悲伤和绝望……"一位来北川老县城地

震遗址三次的游客(女,42岁,来自四川绵阳)表示:"次次震撼,北川中学全校无一幸存,花一样的年纪都香消玉殒,自然灾害破坏力太大了,太无情了。"许多游客对地震的破坏程度感到震惊。许多游客都对整个老县城建筑废墟印象深刻。一位游客(男,42岁,来自四川成都)表示:"在强大的自然力面前,人是渺小和脆弱的,整个老县城一下子化为乌有,太突然、太震惊了……"另一位游客(男,25岁,来自四川内江)表示:"来到老县城,第一感觉就是震惊,感到曾经自己经历过的地震远远没有这里严重……"除了对灾害后果的震惊,一些游客认知到灾难事件的突发性、破坏性,感到恐惧、害怕,一些也对震后的建筑废墟感到惧怕:"地震太可怕了……老县城这么多人遇难,有点恐怖。"(男,53岁,来自四川广元)

3. 怀念情感:惋惜、缅怀

受访者表达的情感32.3%与怀念有关,包括惋惜/可惜(22.4%)、缅怀(9.9%)。游客普遍对地震造成众多同胞遇难,特别是北川中学茅坝校区、曲山小学等地年轻生命的离去感到惋惜,对遇难者公墓埋葬数万名遇难同胞表示缅怀。同时,我们调研期间恰逢"5·12"纪念日,许多遇难者家属在遗址的废墟及遇难者公墓前祭奠故人。这种纪念场景和仪式强化了游客对同胞遇难的认知,唤起了悲伤、惋惜、缅怀等复杂的情感。一位游客(男,25岁,来自四川内江)表示:

> 生命来之是福,却又消失(得)那么突然,无法想象,自己身处在当时会是怎样……楼下有很多烧纸钱留下的灰烬,悲痛欲绝的生离死别让我心里很不是滋味,替地震中丧生的同胞和亲人感到惋惜,生命实在太脆弱……

另一位游客(男,24岁,来自浙江温州)表示:"周边有很多北川人,在默哀、献花、烧纸钱、点蜡烛,见此情生缅怀之意,怀念这么多遇难同胞……"不少游客对北川中学茅坝校区废墟上悬挂的一位母亲对孩子的悼词印象深刻,上面写着:

> 贺川你们过得还好吗?爸爸、妈妈和妹妹都很想你!儿子,妈妈今年不能亲自来看你,请原谅妈妈好吗?因为妈妈今年在外面没有办法过来看你,对不起!儿子,妈妈虽然没有亲自来,但妈妈的心来了,我们永远都在一起,无论爸爸和妈妈去了多远的地方,但心却牵挂着你和妹妹……经常

回忆起一家人朝夕相处和一日三餐的点点滴滴,妈妈的心都撕心裂肺地痛……儿子你放心,我们都彼此照顾自己好吗? 今天妈妈托你四姨和二姨来看你。

一位游客(女,19 岁,来自福建福州)表示:"替这位母亲心疼、惋惜……像这样失去孩子、亲人的家庭有多少(啊),美好的家庭被地震破坏了,特别惋惜、痛心……替这位不能来的母亲表示哀悼。"

4.积极情感:感动、骄傲

尽管北川老县城地震遗址唤起游客负面的情感居多,但仍有少量积极的情感,如感动/感激(5.2%)、骄傲(2.0%)。不少游客对解说牌上感人的抗震自救故事印象深刻。一位游客(男,27 岁,来自河北邯郸)提到"废墟上的恋人",体会到"患难见真情,真爱永恒"。一位游客(男,35 岁,来自江西上饶)提到"可乐男孩"、"芭蕾女孩","废墟上的正能量,让人非常感动。"另一位游客(女,30 岁,来自江苏南京)提道:"一位母亲为了孩子坚强活下去,在地震中顽强求生,生命脆弱,生命顽强,身为母亲,特别感动……"同时,许多游客提到北川中学茅坝校区废墟上挺立的旗杆和五星红旗。一位游客(男,23 岁,来自四川内江)表示:"学校经历地震后,一片废墟,这么多孩子生命逝去了,但对比之下五星红旗依然飘扬……看到了希望,为祖国强大,第一时间投入抗震救灾,感到骄傲……"

二、游客集体记忆维度与特征

(一)集体记忆维度

为了解游客参观北川地震纪念地所唤起和建构的集体记忆维度与特征,我们对 298 份游客问卷的 15 个相关题项进行因子分析。我们通过探索性因子分析(EFA)降低因素间的多重共线性,并剔除影响小的因素,以对样本进行降维。KMO 值为 0.835(>0.6),Bartlett's 球形检验卡方值为 1819.126($p=0.000$),数据满足因子分析条件。随后,进一步采用主成分法、最大方差法进行因子轴旋转,提取特征值大于 1 的公因子。为了提高因子内部一致性,我们删除了因子载荷相对较低题项(TNA4 感到震惊),得到 5 个公因子,累积方差贡献率为 74.1%(见表 6-1)。

表 6-1　游客集体记忆测量指标探索性因子分析结果

维度	因子	题项	载荷	贡献率	Cronbach's α
回忆/联想	抗灾记忆 (TFDM)	TFDM1	0.843	16.6%	0.845
		TFDM2	0.836		
		TFDM3	0.775		
	灾难记忆 (TDM)	TDM1	0.806	16.5%	0.847
		TDM2	0.849		
		TDM3	0.797		
情感	负面情感 (TNA)	TNA1	0.856	15.7%	0.802
		TNA2	0.725		
		TNA3	0.824		
观念	观念启示 (TIA)	TIA1	0.743	14.4%	0.745
		TIA2	0.852		
		TIA3	0.736		
认知	灾难认知 (TDC)	TDC1	0.825	10.9%	0.681
		TDC2	0.821		

　　第一个因子为抗灾记忆(TFDM),旋转后累积方差贡献率为16.6%,包括题项回忆/联想起抢险救灾救死扶伤(TFDM1)、来自全国各地的帮助支持(TFDM2)、遗址保护和家园建设(TFDM3)。第二个因子为灾难记忆(TDM),累积方差贡献率为16.5%,包括回忆/联想起地震地动山摇的情景(TDM1)、建筑坍塌的惨状(TDM2)、遇难和受伤同胞(TDM3)。第三个因子为负面情感(TNA),累积方差贡献率为15.7%,包括感到悲伤(TNA1)、缅怀(TNA2)、惋惜(TNA3)。第四个因子为观念启示(TIA),累积方差贡献率为14.4%,包括感受到"自然面前,人类渺小"(TIA1)、"生命无常,珍爱生命"(TIA2)及"灾难无情,人间有情"(TIA3)。第五个因子为灾难认知(TDC),累积方差贡献率为10.9%,包括地震对当地造成重大经济损失(TDC1)、对人民造成巨大身心创伤(TDC2)。

　　由于半数以上游客与汶川地震这一灾难事件相关(样本中57.0%的游客来自四川省内,52.0%经历过地震,35.2%在地震中有一定程度的受灾),所以大部分游客能回忆或联想起灾难记忆、抗灾记忆。结合上述因子分析与理论研究可知,北川老县城地震遗址的体验过程唤起了游客的灾难记忆和抗灾记忆,加强了灾难后果认知、情感体验以及观念启示。因此游客集体记忆维度包含抗灾记忆(TFDM)、灾难记忆(TDM)、负面情感(TNA)、观念启示(TIA)、灾难认知(TDC)。

(二)集体记忆特征

为了解游客对北川老县城地震遗址的集体记忆特征,我们对各项测量指标进行了均值、标准差分析,并对集体记忆各维度进行均值计算(见表6-2)。结果显示,抗灾记忆均值 $M_{TFDM}=4.03$,灾难记忆均值 $M_{TDM}=3.99$,负面情感均值 $M_{TNA}=4.50$,观念启示均值 $M_{TIA}=4.60$,灾难认知均值 $M_{TDC}=4.55$。一般而言,5点Likert量表得分在1.0到2.4之间表示反对,2.5到3.4之间表示中立,3.5到5.0之间表示赞同(Tosun,2004)。各维度均值均大于3.5,因此北川老县城地震遗址唤起/建构的游客集体记忆水平较高。同时,$M_{TIA}>M_{TDC}>M_{TNA}>M_{TFDM}>M_{TDM}$,集体记忆各维度由高到低,分别为观念启示、灾难认知、负面情感、抗灾记忆、灾难记忆。

表6-2　游客集体记忆测量指标均值与标准差分析结果

维度	题项	均值	标准差
回忆/联想	TFDM	4.03	0.755
	TFDM1	3.96	0.870
	TFDM2	4.03	0.879
	TFDM3	4.10	0.843
	TDM	3.99	0.683
	TDM1	3.88	0.855
	TDM2	4.08	0.763
	TDM3	4.00	0.718
情感	TNA	4.50	0.461
	TNA1	4.46	0.551
	TNA2	4.49	0.527
	TNA3	4.54	0.557

续表

维度	题项	均值	标准差
观念启示	TIA	4.60	0.517
	TIA1	4.62	0.652
	TIA2	4.61	0.610
	TIA3	4.55	0.645
认知	TDC	4.55	0.502
	TDC1	4.57	0.578
	TDC2	4.53	0.575

为进一步了解不同性别、年龄、文化程度、客源地、参观次数、经历地震、受灾程度等特征在集体记忆各维度上是否存在差异,我们运用单因素方差分析来检验组间差异的显著性(见表 6-3)。方差分析的 F 值统计量越大,表明组间差异越明显。

表 6-3　游客集体记忆单因素方差分析及均值比较

项目		抗灾记忆（TFDM）	灾难记忆（TDM）	负面情感（TNA）	观念启示（TIA）	灾难认知（TDC）
性别	F 值			3.57*		
	男（N=157）			4.45		
	女（N=141）			4.55		
年龄	F 值	1.98*				3.08**
	≤19 岁（N=6）	3.38				4.48
	20—29 岁（N=124）	4.04				4.43
	30—39 岁（N=58）	3.92				4.71
	40—49 岁（N=67）	4.00				4.56
	50—59 岁（N=29）	4.27				4.63
	≥60 岁（N=14）	4.23				4.61
客源地	F 值	60.53***	78.49***	8.05**	19.58***	7.36**
	四川省内（N=170）	4.30	4.26	4.56	4.70	4.61
	四川省外（N=128）	3.67	3.63	4.41	4.45	4.46

项目		抗灾记忆（TFDM）	灾难记忆（TDM）	负面情感（TNA）	观念启示（TIA）	灾难认知（TDC）
参观次数	F 值			4.23**		
	首次($N=238$)			4.53		
	二次及以上($N=60$)			4.39		
经历地震	F 值	42.93***	145.17***	13.89***	19.08***	16.65***
	有($N=155$)	4.31	4.37	4.59	4.71	4.66
	无($N=143$)	3.73	3.58	3.40	4.46	4.43
受灾程度	F 值	3.90**	13.11***			
	没有($N=193$)	3.91	3.80			
	极少($N=55$)	4.18	4.30			
	一般($N=29$)	4.34	4.32			
	较多($N=14$)	4.38	4.45			
	严重($N=7$)	4.29	4.52			

注：*** 表示显著性水平 $p<0.001$，** 表示显著性水平 $p<0.05$，* 表示显著性水平 $p<0.01$。

第一，不同性别样本在抗灾记忆、灾难记忆、观念启示、灾难认知等维度上差异不显著。在负面情感这一维度上差异显著，F 值为 3.57（$p=0.060$），且女性感受高于男性。

第二，不同年龄样本在灾难记忆、负面情感、观念启示等维度上差异不显著。在抗灾记忆、灾难认知两维度上差异显著，前者 F 值为 1.98（$p=0.082$），后者 F 值为 3.08（$p=0.010$），其中年龄在 50 岁以上的游客抗灾记忆较强，30 岁以上游客的灾难认知较强。

第三，文化程度在集体记忆各维度上差异不显著。

第四，四川省内与省外游客在集体记忆各维度上均有显著差异。抗灾记忆，F 值为 60.53（$p=0.000$）；灾难记忆，F 值为 78.49（$p=0.000$）；负面情感，F 值为 8.05（$p=0.005$）；观念启示 F 值为 19.58（$p=0.000$）；灾难认知，F 值为 7.36（$p=0.007$）。且四川省内游客集体记忆各维度均值高于省外游客。

第五，参观次数差异在抗灾记忆、灾难记忆、观念启示、灾难认知等维度上差异不显著。在负面情感这一维度上差异显著,F 值显示为 4.23($p=0.041$),且第一次参观者感受强于第二次及以上参观者。

第六,经历地震与否在集体记忆各维度上存在显著差异。抗灾记忆,F 值为 42.93($p=0.000$);灾难记忆,F 值为 145.17($p=0.000$);负面情感,F 值为 13.89($p=0.005$);观念启示,F 值为 19.08($p=0.000$);灾难认知,F 值为 16.65($p=0.007$)。且经历地震的游客集体记忆各维度高于未经历地震的游客。

第七,地震受灾程度不同在负面情感、观念启示、灾难认知维度上差异不显著。在抗灾记忆、灾难记忆上差异显著,前者 F 值为 13.11($p=0.000$),后者 F 值为 3.90($p=0.004$)。均值比较显示,游客在地震中受灾越严重,灾难记忆、抗灾记忆水平总体越高。

总体来说,客源地、经历地震与否是影响集体记忆各维度的变量,且来自四川省内游客、经历地震游客在抗灾记忆、灾难记忆、负面情感、观念启示、灾难认知等方面均显著高于四川省外、未经历地震的普通游客。同时,性别、参观次数这两个变量是影响负面情感的因素,女性、第一次参观的游客在负面情感上感受较强。

三、游客地方功能感知、地方满意维度与特征

(一)地方功能感知与地方满意维度

为了解游客的地方功能感知与地方满意的维度和特征,我们对 298 份游客问卷的 13 个相关题项进行因子分析。通过探索性因子分析(EFA)降低因素间的多重共线性,并剔除影响小的因素,以对样本进行降维。KMO 值为 0.694(>0.6),Bartlett's 球形检验卡方值为 1585.248($p=0.000$),满足因子分析要求。随后,进一步采用主成分法、最大方差法进行因子轴旋转,提取特征值大于 1 的公因子,删除因子载荷低于 0.5 的题项,得到 5 个公因子,累积方差贡献率为 73.7%(见表 6-4)。

表 6-4　游客地方满意、地方功能感知测量指标探索性因子分析结果

维度	因子	题项	载荷	贡献率	Cronbach's α
地方满意	地方满意 (TPM)	TPM1	0.761	21.4%	0.841
		TPM2	0.782		
		TPM3	0.682		
		TPM4	0.670		
		TPM5	0.711		
地方功能感知	旅游地(TPFT)	TPFT1	0.946	14.8%	0.946
		TPFT2	0.951		
	纪念地(TPFM)	TPFM1	0.868	13.1%	0.834
		TPFM2	0.904		
	恐惧地(TPFF)	TPFF1	0.904	12.6%	0.753
		TPFF2	0.827		
	科普地(TPFE)	TPFE1	0.825	11.8%	0.619
		TPFE2	0.829		

第一个因子为地方满意(TPM),旋转后累积方差贡献率为 21.4%,包括题项具有高度象征意义(TPM1)、给人许多教育启迪(TPM2)、带来许多情感触动(TPM3)、体验难以忘记(TPM4)、参观非常有意义(TPM5)。第二个因子为旅游地功能感知(TPFT),累积方差贡献率为 14.8%,包含休闲旅游的地方(TPFT1)、观光游览的地方(TPFT2)。第三个因子为纪念地功能感知(TPFM),累积方差贡献率为 13.1%,包括缅怀逝者的地方(TPFM1)、寄托哀思的地方(TPFM2)。第四个因子为恐惧地功能感知(TPFF),累积方差贡献率为 12.6%,包含恐惧的地方(TPFF1)、不吉利的地方(TPFF2)。第五个因子为科普地功能感知(TPFE),累积方差贡献率为 11.8%,包含再现了地震灾害(TPFE1)、展示了抗震救灾(TPFE2)。根据因子分析结果可知,游客对北川老县城地方功能感知,包含旅游地、纪念地、恐惧地、科普地四大维度。

(二)地方功能感知与地方满意特征

为了解游客的地方满意、地方功能感知程度及特征,我们对各项测量指标进行均值、标准差分析(见表 6-5)。

表 6-5　游客地方满意、地方功能感知测量指标均值与标准差分析结果

维度	题项	均值	标准差
地方满意	TPM	4.44	0.49
	TPM 1	4.26	0.76
	TPM 2	4.36	0.68
	TPM 3	4.54	0.58
	TPM 4	4.46	0.71
	TPM 5	4.57	0.59
地方功能感知	TPFT	2.38	1.19
	TPFT1	2.33	1.18
	TPFT2	2.43	1.26
	TPFM	4.49	0.66
	TPFM1	4.56	0.68
	TPFM2	4.42	0.75
	TPFF	2.44	1.02
	TPFF1	2.78	1.28
	TPFF2	2.10	1.05
	TPFE	4.53	0.54
	TPFE1	4.67	0.52
	TPFE2	4.39	0.74

游客的 TPM 各测量题项均值均大于 4,且总体均值 $M_{TPM}=4.44$,表示游客对于北川老县城震后功能改变及其带来的高度象征意义、教育启迪、情感触动、难忘体验等有较高的满意度。

游客的 TPFE、TPFM 各测量题项均值都大于 4,且总体均值 $M_{TPFE}=4.53$、$M_{TPFM}=4.49$,表示游客对北川老县城作为科普地展示地震灾害和抗震救灾,以及作为纪念地缅怀哀悼遇难同胞的功能有较强的感知。游客的 TPFT 各测量题项均值都小于 3,且总体均值 $M_{TPFT}=2.38$,说明游客对北川老县城作为观光、休闲旅游地功能感知较弱。同时,游客的 TPFF 各测量题项均值都小于 3,且总体均值 $M_{TPFF}=2.44$,说明游客对北川老县城地震遗址并不感到十分

惧怕,并不认为是不吉利的地方。地方功能感知均值比较结果显示,$M_{TPFE}>$ $M_{TPFM}>M_{TPFF}>M_{TPFT}$,即作为科普地的感知最为强烈,纪念地感知其次,恐惧地感知较弱,休闲观光旅游地感知最弱。

　　为进一步了解不同性别、年龄、文化程度、客源地、参观次数、经历地震、受灾程度等因素是否对游客地方功能感知(旅游地、纪念地、恐惧地、科普地)、地方满意建构存在影响,我们运用单因素方差统计(ANOVA)来检验组间差异的显著性(见表 6-6)。

表 6-6　游客地方满意、地方功能感知单因素方差分析及均值比较

项目		地方满意（TPM）	旅游地（TPFT）	纪念地（TPFM）	恐惧地（TPFF）	科普地（TPFE）
性别	F 值			3.14*		
	男(N=157)			4.55		
	女(N=141)			4.41		
年龄	F 值		4.07**		2.08*	
	≤19 岁(N=6)		2.00		1.75	
	20—29 岁(N=124)		2.28		2.35	
	30—39 岁(N=58)		2.30		2.38	
	40—49 岁(N=67)		2.62		2.49	
	50—59 岁(N=29)		1.98		2.62	
	≥60 岁(N=14)		3.46		3.07	
文化程度	F 值		3.26**			2.13*
	小学及以下(N=14)		2.92			4.46
	初中(N=50)		2.78			4.45
	高中/中专(N=82)		2.37			4.66
	大专/本科(N=140)		2.18			4.53
	硕士及以上(N=12)		2.50			4.62
客源地	F 值	5.69**				
	四川省内(N=170)	4.49				
	四川省外(N=128)	4.35				

续表

	项目	地方满意 (TPM)	旅游地 (TPFT)	纪念地 (TPFM)	恐惧地 (TPFF)	科普地 (TPFE)
参观 次数	F 值				4.36**	
	首次(N=238)				2.38	
	二次及以上(N=60)				2.68	
经历 地震	F 值	12.86***				
	有(N=155)	4.53				
	无(N=143)	4.33				

注:*** 表示显著性水平 $p<0.001$,** 表示显著性水平 $p<0.05$,* 表示显著性水平 $p<0.1$。

第一,性别差异在地方满意、旅游地功能感知、恐惧地功能感知、科普地功能感知上无显著体现,而在纪念地功能感知上有显著差异,F 值为 3.14($p=0.078$)。男性均值(4.55)要高于女性(4.41)。

第二,年龄差异在纪念地功能感知、科普地功能感知、地方满意上无显著体现,而在旅游地功能感知、恐惧地功能感知上有显著差异,前者 F 值为 2.08($p=0.068$),后者 F 值为 4.07($p=0.001$)。随着游客年龄增长,地方的恐惧地功能感知越强,60 岁以上游客恐惧地功能感知最强。这种恐惧地功能感知与我国传统文化有关,认为地方损失严重、遇难者众多是恐怖和不吉利的地方,相对来说老年人受此种传统文化观念影响较大,对灾难、死亡地的恐惧感强于年轻人。

第三,文化程度在地方满意、纪念地功能感知、恐惧地功能感知上无显著差异,而在科普地功能感知上存在显著差异,F 值为 2.13($p=0.078$),相对来说高中/中专及以上学历者科普地功能感知较高。在旅游地功能感知上也存在显著差异,F 值为 3.26($p=0.012$),相对来说学历越高者对北川老县城作为休闲旅游地的功能感知与认同越低。

第四,不同客源地游客(四川省内/外)在纪念地功能感知、旅游地功能感知、恐惧地功能感知、科普地功能感知上没有显著差异,而在地方满意上存在显著差异,F 值为 5.69($p=0.018$)。四川省内游客的地方满意均值(4.49)要高于省外游客(4.35),可能因为省内游客对汶川地震这一灾难事件及北川老县城更了解,因此地方满意更高。

第五,参观次数对恐惧地功能感知有显著影响,F 值为 4.36($p=0.038$),

且参观二次及以上的受访者(2.68)要高于第一次参观的游客(2.38)。主要原因可能在于二次及以上参观者与北川老县城地震遗址存在一定联系(不少是前来悼念逝者),对北川老县城以及地震灾难事件经历较为深刻,因此地方恐惧感比第一次前来的普通游客要强。

第六,经历地震与否对纪念地功能感知、旅游地功能感知、恐惧地功能感知、科普地功能感知没有显著影响,而在地方满意上存在显著差异,F 值为 12.86($p=0.000$)。经历地震游客的地方满意均值(4.53)要高于未经历地震的普通游客(4.33),可能因为经历汶川地震群体对这一灾难事件和北川老县城更了解,因此地方满意更高。

第七,游客受灾程度对地方满意与地方功能感知无显著影响。

综上,游客人口统计学特征、灾难事件经历程度对地方满意、地方功能感知建构有不同程度显著影响。从人口统计学特征上看,男性对纪念地功能感知要强于女性。随着年龄增长,游客对恐惧地功能感知增强。随着文化程度的提高,游客对科普地功能感知提高。来自四川省内、经历地震的游客地方满意更高。

四、游客地方行为意愿维度与特征

(一)地方行为意愿维度

为了解游客在北川老县城地震遗址的地方行为意愿,我们对 298 份游客问卷的第三部分 6 个题项进行了因子分析,采用探索性因子分析(EFA)对地方行为意愿进行因子划分。KMO 值为 0.742(>0.6),Bartlett's 球形检验卡方值为 1066.526($p=0.000$),满足因子分析前提。随后,进一步采用主成分法、最大方差法进行因子轴旋转,提取特征值大于 1 的公因子,删除因子载荷低于 0.5 的题项,得到 2 个公因子,累积方差贡献率为 81.4%(见表 6-7)。

第一个因子为地方重访意愿(TPBI),累积方差贡献率为 42.1%,包含愿意再来(TPBI1)、会带亲朋来(TPBI2)、会推荐给别人(TPBI3)。第二个因子为地方保护意愿(TPPI),累积方差贡献率为 39.3%,包含希望遗址得到保护(TPPI1)、愿意积极参加遗址保护工作(TPPI2)、愿意为遗址保护捐款(TPPI3)。

表 6-7　游客地方行为意愿测量指标探索性因子分析结果

维度	因子	题项	载荷	贡献率	Cronbach's α
地方行为意愿	地方重访意愿（TPBI）	TPBI1	0.920	42.1%	0.905
		TPBI2	0.907		
		TPBI3	0.926		
	地方保护意愿（TPPI）	TPPI1	0.820	39.3%	0.860
		TPPI2	0.917		
		TPPI3	0.896		

（二）地方行为意愿特征

为了解游客地方行为意愿特征，我们对各测量指标进行均值、标准差分析，并对各维度（地方重访意愿、地方保护意愿）进行均值计算（见表 6-8）。均值显示，游客地方重访意愿（TPBI）均值为 3.75，且 TPBI1、TPBI2、TPBI3 均值处于 3.5 到 4 之间，说明游客有一定程度的重访意愿。游客地方保护意愿（TPPI）均值为 4.51，且 TPPI1、TPPI2、TPPI3 均值均大于 4，说明游客对北川老县城地震遗址得到保护、参加遗址保护、为遗址保护捐款的意愿较为强烈。同时，$M_{TPPI} > M_{TPBI}$，表明游客地方保护意愿要强于地方重访意愿。

表 6-8　游客地方行为意愿测量指标均值与标准差分析结果

维度	题项	均值	标准差
地方行为意愿	TPBI	3.75	1.05
	TPBI1	3.60	1.23
	TPBI2	3.85	1.09
	TPBI3	3.79	1.10
	TPPI	4.51	0.53
	TPPI1	4.65	0.54
	TPPI2	4.48	0.62
	TPPI3	4.40	0.64

为进一步了解人口统计学特征、灾难事件关联程度对游客地方重访意愿（TPBI）和地方保护意愿（TPPI）是否存在影响，我们运用单因素方差分析

（ANOVA）来检验组间差异的显著性（见表6-9）。方差分析的结果显示：

第一，性别、年龄、文化程度、参观次数、受灾程度在地方重访意愿、地方保护意愿上无显著差异。

第二，客源地差异对地方重访意愿、地方保护意愿上影响显著，前者 F 值为 13.01（$p=0.000$），后者 F 值 6.94（$p=0.009$）。四川省内游客在地方重访意愿、地方保护意愿上均值要高于省外游客。

第三，经历地震与否在地方重访意愿、地方保护意愿上有显著差异，前者 F 值为 7.96（$p=0.005$），后者 F 值为 15.28（$p=0.000$）。经历地震游客在地方重访意愿、地方保护意愿上要高于未经历地震游客。

根据以上单因素方差分析与均值比较，我们发现客源地差异、经历地震与否是影响游客地方行为意愿的因素，且四川省内、经历地震的游客在地方重访意愿、地方保护意愿上均值要高于省外、未经历地震的游客。

表6-9 游客地方行为意愿单因素方差分析及均值比较

项目		地方重访意愿（TPBI）	地方保护意愿（TPPI）
客源地	F 值	13.01***	6.94**
	四川省内（$N=170$）	3.93	4.58
	四川省外（$N=128$）	3.50	4.42
经历地震	F 值	7.96**	15.28***
	有（$N=155$）	3.91	4.62
	无（$N=143$）	3.57	4.39

注：*** 表示显著性水平 $p<0.001$，** 表示显著性水平 $p<0.05$。

五、游客集体记忆、地方功能感知、地方行为意愿相关关系模型

游客集体记忆包括灾难记忆、抗灾记忆、灾难认知、负面情感、观念启示等维度。地方功能感知包括科普地、纪念地、旅游地、恐惧地。地方行为意愿包括地方保护意愿与地方重访意愿。为探索游客集体记忆、地方功能感知、地方行为意愿各维度之间的关系，本书采用 SPSS 21 软件的 Pearson 相关分析来检验潜在变量之间的相关性。

（一）集体记忆与地方功能感知相关性

由 Pearson 相关分析得到（见表 6-10）：

①灾难记忆与纪念地功能感知显著正相关（$r=0.145, p=0.012$）；

②抗灾记忆与科普地功能感知显著正相关（$r=0.176, p=0.002$），与纪念地功能感知高度正相关（$r=0.390, p=0.000$）；

③灾难认知与科普地功能感知显著正相关（$r=0.159, p=0.006$），与纪念地功能感知高度正相关（$r=0.214, p=0.000$）；

④负面情感与纪念地功能感知高度正相关（$r=0.323, p=0.000$），与旅游地功能感知呈显著负相关（$r=-0.113, p=0.051$）；

⑤观念启示与科普地功能感知显著正相关（$r=0.153, p=0.008$），与纪念地功能感知高度正相关（$r=0.358, p=0.000$），与旅游地功能感知呈显著负相关（$r=-0.098, p=0.090$）。

以上显示，纪念地功能感知与集体记忆各维度均存在显著正相关关系，科普地功能感知主要与抗灾记忆、灾难认知、观念启示等显著正相关，旅游地功能感知与负面情感、观念启示等呈显著负相关。

表 6-10　游客集体记忆与地方功能感知各维度之间 Pearson 相关

项目			地方功能感知			
			科普地	纪念地	旅游地	恐惧地
集体记忆	灾难记忆	Pearson 相关	0.014	0.145**	−0.068	0.003
		显著性（双侧）	0.804	0.012	0.243	0.966
	抗灾记忆	Pearson 相关	0.176**	0.390***	0.060	−0.016
		显著性（双侧）	0.002	0.000	0.302	0.779
	灾难认知	Pearson 相关	0.159**	0.214***	−0.067	0.058
		显著性（双侧）	0.006	0.000	0.249	0.318
	负面情感	Pearson 相关	0.094	0.323***	−0.113*	−0.007
		显著性（双侧）	0.107	0.000	0.051	0.907
	观念启示	Pearson 相关	0.153**	0.358***	−0.098*	0.089
		显著性（双侧）	0.008	0.000	0.090	0.125

注：*** 表示显著性水平 $p<0.001$，** 表示显著性水平 $p<0.05$，* 表示显著性水平 $p<0.1$。

(二)地方功能感知与地方行为意愿相关性

由 Pearson 相关分析得到(见表 6-11):

①纪念地功能感知与地方保护意愿高度正相关($r=0.294,p=0.000$),与地方重访意愿也高度正相关($r=0.213,p=0.000$);

②科普地功能感知与地方保护意愿呈显著正相关($r=0.127,p=0.028$),与地方重访意愿相关不显著;

③旅游地功能感知与地方保护意愿、地方重访意愿相关不显著;

④恐惧地功能感知与地方保护意愿呈显著负相关($r=-0.160,p=0.006$),与地方重访意愿相关不显著。

以上显示:游客地方保护意愿与纪念地、科普地功能感知呈现正相关,而与恐惧地功能感知呈现负相关;地方重访意愿与纪念地功能感知呈现正相关。

表 6-11 游客地方功能感知与地方行为意愿各维度之间 Pearson 相关

项目			地方行为意愿	
			地方保护意愿	地方重访意愿
地方功能感知	纪念地	Pearson 相关	0.294***	0.213***
		显著性(双侧)	0.000	0.000
	科普地	Pearson 相关	0.127**	0.079
		显著性(双侧)	0.028	0.173
	旅游地	Pearson 相关	0.012	−0.021
		显著性(双侧)	0.831	0.721
	恐惧地	Pearson 相关	−0.160**	0.028
		显著性(双侧)	0.006	0.627

注:*** 表示显著性水平 $p<0.001$,** 表示显著性水平 $p<0.05$。

(三)集体记忆、地方功能感知、地方行为意愿相关关系模型

游客集体记忆、地方功能感知、地方行为意愿各维度间相关关系见图 6-3。纪念地功能感知与集体记忆各维度均存在显著正相关关系。科普地功能感知主要与抗灾记忆、灾难认知、观念启示等正相关。旅游地功能感知与负面情感、观念启示等负相关,这可能与游客对休闲、观光的传统旅游认知有关,地震纪念

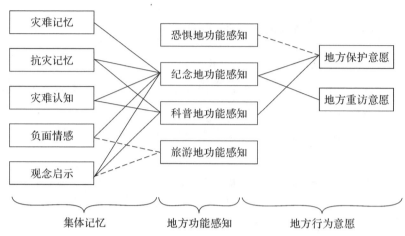

图 6-3　游客集体记忆、地方功能感知、地方行为意愿相关关系模型

注：——表示正相关($p=0.10$)；……表示负相关($p=0.10$)。

地的负面情感体验以及对灾难、生命的观念启示与传统旅游体验相悖。游客地方保护意愿与纪念地、科普地功能感知高度正相关，与恐惧地功能感知负相关。游客地方重访意愿与纪念地功能感知高度正相关，这可能因为重访的游客绝大多数是与汶川地震这一灾难事件以及北川老县城具有联系的个体，很多都是绵阳、成都的访客，过来祭奠亲友。

以上相关模型显示，唤起游客的灾难记忆、抗灾记忆，强化游客灾难认知、缅怀哀思等情感，以及关于灾难、人地关系、生命的观念启示，对于纪念地功能建构具有积极作用。增强抗灾记忆、灾难认知、观念启示对于提升科普地功能建构具有显著效果，反之亦然。而提升休闲观光等旅游地功能，不利于游客的情感体验及观念启示获取。从提高游客地方保护意愿角度，加强纪念地、科普地功能的建构是有效、可行的方法，而恐惧地功能的建构呈相反效果。换言之，游客愿意将北川老县城作为纪念地、科普地，而不愿意将其作为恐惧地。而提高北川老县城作为纪念地的功能，可以显著增强游客的重访意愿。

六、游客集体记忆、地方满意、地方行为意愿结构方程模型

(一)研究假设与概念模型

在理论研究和探索性因子分析的基础上，本书构建了揭示游客集体记忆

（灾难记忆、抗灾记忆、灾难认知、负面情感、观念启示）、地方满意、地方行为意愿（地方重访意愿、地方保护意愿）关系的概念模型。该模型是一个具有因果关系的结构方程模型，包含 8 个潜变量和 7 条因果关系链（见图 6-4），研究假设如下。

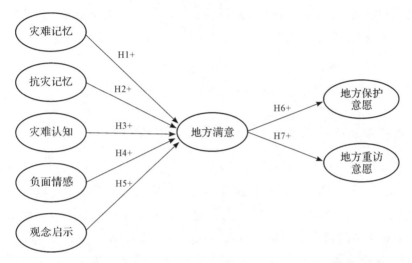

图 6-4　游客集体记忆、地方满意、地方行为意愿结构方程模型假设

注：＋表示正向影响。

1. 灾难记忆、抗灾记忆的唤起对地方满意的建构具有正向影响

从游客心理角度，记忆是游客前往灾难纪念地、参与黑色旅游的重要动机（Marschall，2012a、2012b、2015b）。参观过程中，灾难事件的记忆，无论是亲历事件的一手记忆，还是通过大众媒体、学习获取的二手记忆，都能被物质环境（如建筑、纪念碑、展陈等）和非物质景观（如纪念仪式、模拟表演等）唤起，影响个体的现场旅游体验（Marschall，2015a）。Dunkley et al.（2011）研究了索姆河（Somme）和伊普尔（Ypres）战地的游客现场体验，发现参观过程中个体战争记忆被不同程度地唤起，战争记忆唤起程度越高，个人朝圣、集体和个体纪念等感受越强烈。Kang et al.（2012）以韩国济州 4·3 和平纪念馆和纪念公园为例，发现关于"4·3"事件、地方记忆的唤起是游客在场体验的重要组成部分，与游客对地方的总体获益评价（知识获取、地方意义建构、责任宽慰、家庭联系）显著相关。Tang（2014）、Qian et al.（2017）揭示了汶川地震记忆的唤起是灾难旅游体验的重要维度，记忆唤起通过认知、情感作用于个人体验满

意度(Qian et al.，2017)。

尽管个体唤起的灾难事件记忆相对复杂,不仅存在积极、正面的记忆,更多的是负面、集体创伤记忆,然而记忆唤起是地方感知的基础,是形成个人地方认知、判断、态度的前提(Winter，2009b；Marschall，2012a),对个人地方体验的获益感和满意感起着积极的影响(Kang et al.，2012；Qian et al.，2017)。

基于以上,我们提出假设:

H1:灾难记忆对地方满意建构有正向影响。

H2:抗灾记忆对地方满意建构有正向影响。

2. 灾难认知对地方满意建构具有正向影响

认知是经由个体一系列知觉、辨识、推理、判断等心理活动,对事物产生想法、意见等的意识活动。认知是游客参观过程中将外在信息内化成的个人记忆、集体记忆的重要组成。认知对满意度的正向影响关系,在大众旅游研究领域已有相当多的量化实证研究(Del Bosque & Martín，2008；Žabkar et al.，2010)。灾难旅游、黑色旅游研究领域,不少文献揭示了认知对地方总体获益感、满意度的影响。例如:Ryan & Kohli(2006)以新西兰塔拉威拉火山爆发埋葬的蒂怀罗阿村为案例地,用多元回归分析发现游客认知体验(灾难历史和当地文化)与地方满意度呈正相关,即游客对灾难事件与历史文化的认知越强,满意度越高。Kang et al.(2012)以韩国济州4·3和平纪念馆、纪念公园为例,发现"4·3"事件以及地方认知获取对地方的总体获益评价呈显著相关。Tang(2014)以汶川地震纪念地为例,发现认知体验(灾难认知、灾后地方意象与实际对比、生活生命反思等)与总体获益感呈正相关联系。

基于以上,我们提出假设:

H3:灾难认知对地方满意有正向影响。

3. 负面情感对地方满意建构具有正向影响

记忆与认知伴随着情感,情感是旅游体验的重要组成部分,情感体验对满意度的正向影响关系在大众旅游研究领域已有相当量化实证(Del Bosque & Martín，2008；Žabkar et al.，2010)。然而,大众旅游领域游客的情感体验以积极、正向为主,而灾难纪念地旅游、黑色旅游研究领域,情感体验多呈现负面性,且有限的研究揭示了这些负面情感的后续效应。Kang et al.(2012)发现悲伤等负面情感与游客地方的总体获益评价(知识获取、地方意义建构、责任宽慰、家庭联系)显著相关。Tang(2014)发现对遇难者同情、压抑、痛苦、伤痛、担心等负面情感与总体获益感各维度呈现不同程度的正相关联系。

基于以上,我们提出假设:

H4:负面情感对地方满意有正向影响。

4.观念启示对地方满意建构具有正向影响

灾难纪念地往往能带给个人深刻的反思和启迪(Stone,2012)。Tang(2014)揭示了游客在汶川地震灾区旅游体验中对生活、生命的思考与游客总体获益感呈高度相关。尽管,观念启示是旅游体验的重要组成,也是集体记忆的重要维度(Miles,2014),然而鲜有实证研究挖掘这一维度内容及其后续效应。因此,为了更深入了解旅游过程中观念启示的形成对地方满意建构关系,我们提出假设:

H5:观念启示对地方满意有正向影响。

5.地方满意对地方保护意愿、地方重访意愿具有正向影响

地方满意度是基于旅游者对目的地认知、情感等多维体验对地方的综合评价。满意度是行为意向的中介调节变量。例如:生态旅游领域,相当多的研究已证明地方满意对地方保护意愿有显著影响(López-Mosquera & Sánchez,2013;Ramkissoon et al.,2013)。遗产旅游领域,许多研究揭示了满意度对目的地忠诚度具有正向显著影响(Chen & Chen,2010;Chen & Tsai,2007;Rojas & Camarero,2008)。

由于灾难纪念地的特殊性,游客心理限制效应亦十分显著(Zheng et al.,2018;Zhang et al.,2016),其行为意愿及影响因素与途径也相对复杂(Nawijn & Fricke,2013)。例如,Nawijn & Fricke(2013)发现负面情感对于重访意愿具有正向影响,而Lee(2016)和Zhang et al.(2016)研究显示负面情感体验对于忠诚度没有影响。为了更深入了解灾难纪念地旅游的地方满意度对行为意愿的影响关系,我们提出以下假设:

H6:地方满意对地方保护意愿有正向影响。

H7:地方满意对地方重访意愿有正向影响。

(二)结构模型检验

在使用 AMOS 22 软件进行结构方程拟合前,需要对样本量进行判定。本书以研究包含 25 个观测变量,统计有效样本数为 298,满足样本量为观测变量的 10 倍至 15 倍之间的前提(Thompson,2000)。同时,由于 AMOS 软件采用极大似然法进行参数估计,要求样本观测变量数据呈正态分布。经分析,样本数据偏度最大绝对值为 2.37＜3,峰度系数最大绝对值为 7.96＜10,符合正态分布。

结构方程拟合分三步。第一步,对测量模型进行检验,采用验证性因子分析检查测量模型的因子载荷,并进行信效度检验。第二步,对样本的模型适配度进行拟合度检验。第三步,对结构方程模型进行修正。

1.验证性因子分析

所有观测变量标准化载荷介于 0.550 到 0.939 之间,大于 0.5 的可接受标准(见表 6-12)。标准误(S.E.)较小,并没有出现较大的标准误差。如果临界比的绝对值高于 1.96,则参数估计值在 0.05 水平下显著,如果高于 2.58,则在 0.01 水平下显著。根据计算,t 值最小为 7.474＞2.58,达到 0.01 显著水平。模型复平方相关系数(SMC)介于 0.303 到 0.882 之间,大于标准 0.3,表明量表总体之间存在相关关系。潜变量的组合信度(CR)介于 0.681 到 0.908 之间,大于可接受标准 0.6。平均方差抽取量(AVE)介于 0.422 到 0.767 之间,大于可接受标准 0.4,说明观测变量对潜变量具有较强的说服力。

2.模型拟合度检验

我们对样本的模型适配度进行了拟合度检验(见表 6-13)。结果显示,卡方值为 503.991,自由度为 258。卡方自由度比值 χ^2/df 为 1.953＜3,显著性水平 $p=0.000$；AGFI 为 0.854,GFI 为 0.884,均大于标准 0.8；RMR 为 0.034,小于标准 0.05；RMSEA 为 0.057,小于标准 0.08。PGFI 为 0.702,PNFI 为 0.749,均大于 0.5。CFI 为 0.932,大于 0.9；NFI 为 0.871,小于 0.9；IFI 为 0.933,大于 0.9。虽然模型的拟合结果尚可,绝对拟合指数、简约拟合指数达到要求,但 NFI 值稍偏小,模型可以考虑进一步修正。

表 6-12　游客集体记忆、地方满意、地方行为意愿验证性因子分析结果

潜变量	观测变量	非标准化因子载荷	标准化因子载荷	S. E.	t (CR)	SMC	CR	AVE
灾难记忆（TDM）	TDM1	1.000	0.780			0.608	0.851	0.655
	TDM2	0.935	0.816	0.067	13.927***	0.666		
	TDM3	0.895	0.831	0.063	14.116***	0.691		
抗灾记忆（TFDM）	TFDM1	1.000	0.833			0.694	0.850	0.657
	TFDM2	1.081	0.891	0.067	16.237***	0.794		
	TFDM3	0.809	0.695	0.064	12.733***	0.483		
灾难认知（TDC）	TDC1	1.000	0.722			0.521	0.681	0.516
	TDC2	0.986	0.715	0.132	7.474***	0.511		
负面情感（TNA）	TNA1	1.000	0.819			0.671	0.810	0.592
	TNA2	0.726	0.622	0.069	10.485***	0.387		
	TNA3	1.046	0.847	0.077	13.502***	0.717		
观念启示（TIA）	TIA1	1.000	0.551			0.304	0.783	0.557
	TIA2	1.596	0.939	0.177	9.034***	0.882		
	TIA3	1.253	0.697	0.141	8.873***	0.486		
地方满意（TPM）	TPM1	1.000	0.705			0.497	0.783	0.422
	TPM2	0.942	0.736	0.085	11.031***	0.542		
	TPM3	0.722	0.669	0.071	10.163***	0.448		
	TPM4	0.752	0.567	0.086	8.734***	0.321		
	TPM5	0.607	0.550	0.072	8.480***	0.303		
地方保护意愿（TPPI）	TPPI1	1.000	0.692			0.479	0.868	0.689
	TPPI2	1.516	0.918	0.112	13.539***	0.843		
	TPPI3	1.484	0.863	0.111	13.332***	0.745		
地方重访意愿（TPBI）	TPBI1	1.000	0.837			0.701	0.908	0.767
	TPBI2	0.947	0.891	0.051	18.680***	0.794		
	TPBI3	0.963	0.897	0.051	18.801***	0.805		

注：*** 表示显著性水平 $p < 0.001$。

表 6-13　游客集体记忆、地方满意、地方行为意愿结构方程模型拟合指标

指标	绝对拟合指数					简约拟合指数		相对拟合指数		
	χ^2/df	AGFI	GFI	RMR	RMSEA	PGFI	PNFI	CFI	NFI	IFI
标准	1—3	>0.8	>0.8	<0.05	<0.08	>0.5	>0.5	>0.9	>0.9	>0.9
模型	1.953	0.854	0.884	0.034	0.057	0.702	0.749	0.932	0.871	0.933
修正模型	1.799	0.865	0.894	0.034	0.052	0.707	0.755	0.943	0.882	0.944

3. 模型修正

为了提高模型的拟合度,我们通过 AMOS 程序的修正指数(MI)对模型进行修正(见图 6-5)。按统计意义,修正指数是指自由度为 1 时,前后两个估计模型卡方值之间的差异值是参数界定正确与否的标准。一般认为,当修正指数大于 3.84 时,才有修正的必要(Bagozzi & Yi,1988)。按照模型修正原则,且考虑相关的理论设计,我们主要通过增加残差项之间的共变关系,来提高模型拟

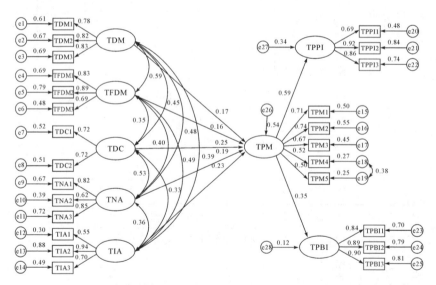

图 6-5　游客集体记忆、地方满意、地方行为意愿结构方程模型修正

注:TDM 为游客灾难记忆、TFDM 为游客抗灾记忆、TDC 为游客灾难认知、TNA 为游客负面情感、TIA 为游客观念启示、TPM 为游客地方满意、TPPI 为游客地方保护意愿、TPBI 为游客地方重访意愿。

合度。尽管在理论模型中,各观察变量的误差不相关,但实际模型与数据拟合中同一潜变量下的观察变量的误差存在一定的相关性是合理的(吴明隆,2010)。修正指数显示,若假设 e18 与 e19 相关,可降低 38.551 个卡方值(见表6-14),因此,我们在 AMOS 中将 e18 与 e19 设置为相关。

表 6-14　游客集体记忆、地方满意、地方行为意愿结构方程模型修正结果

残差相关	MI	Par change
e18↔e19	38.551	0.110

修正后模型拟合指标见表 6-13。卡方值为 462.357,自由度为 257。χ^2/df 为 1.799,AGFI 为 0.865,GFI 为 0.894,均显著提升。RMR 为 0.034,RMSEA 为 0.052,后者显著下降。PGFI 为 0.707,PNFI 为 0.755。CFI 为 0.943,IFI 为 0.944,NFI 为 0.882,均显著上升。尽管 NFI 稍小于 0.9 的标准,但修正后的模型适配指数更佳,数据拟合效果更好。

(三)影响机制分析

1.路径系数分析

潜变量之间的路径系数显示了游客集体记忆、地方满意、地方行为意愿之间的关系。由表 6-15 可知:灾难记忆对于地方满意具有正向显著影响,作用路径系数为 0.167($p=0.038$),H1 成立;抗灾记忆对于地方满意具有正向显著影响,作用路径系数为 0.158($p=0.042$),H2 成立;灾难认知对于地方满意具有正向显著影响,作用路径系数为 0.246($p=0.005$),H3 成立;负面情感对于地方满意具有正向显著影响,作用路径系数为 0.193($p=0.013$),H4 成立;观念启示对于地方满意具有正向显著影响,作用路径系数为 0.230($p=0.000$),H5成立;地方满意对于地方保护意愿具有正向显著影响,作用路径系数为 0.587($p=0.000$),H6 成立;地方满意对于地方重访意愿具有正向显著影响,作用路径系数为 0.346($p=0.000$),H7 成立。

表 6-15　游客集体记忆、地方满意、地方行为意愿结构方程模型路径系数估计

假设	作用路径	UNSTD	STD	S. E.	CR	p
H1	地方满意←灾难记忆	0.134	0.167	0.064	2.077	0.038**
H2	地方满意←抗灾记忆	0.116	0.158	0.057	2.031	0.042**
H3	地方满意←灾难认知	0.315	0.246	0.111	2.827	0.005**
H4	地方满意←负面情感	0.228	0.193	0.092	2.486	0.013**
H5	地方满意←观念启示	0.342	0.230	0.104	3.298	0.000***
H6	地方保护意愿←地方满意	0.410	0.587	0.054	7.549	0.000***
H7	地方重访意愿←地方满意	0.666	0.346	0.131	5.077	0.000***

注：*** 表示显著性水平 $p<0.001$，** 表示显著性水平 $p<0.05$。

2. 集体记忆、地方满意、地方行为意愿之间的关系

第一，灾难记忆、灾难认知对地方满意正向影响显著。

不管是异地经历汶川地震的一手记忆，还是从媒体获得地震的二手记忆，普通游客参观北川老县城地震遗址能唤起内心深处的灾难记忆，包括那些地动山摇、建筑坍塌、同胞遇难的记忆与场景。许多游客用"往事历历在目"、"感同身受"等描述自己的灾难记忆。而北川老县城的地震废墟场景、标识介绍，以及地震纪念馆图文、灾难纪念物展示，补充了游客的灾难记忆，强化了游客对灾难事件的认知，包括对灾难造成的经济损失、人员伤亡及心理创伤的认知等。而结构方程证明，灾难记忆的唤起和灾难认知的强化对游客的地方满意具有积极显著影响。与大众旅游体验机制（积极的记忆、正面的地方感知促进正面的地方满意）所不同，灾难纪念地背景下，地方负面的记忆与认知亦能促进正面的地方满意。

第二，负面情感对地方满意正向影响显著。

记忆与认知伴随情感。与大众旅游地不同，北川老县城地震遗址能唤起游客悲伤、缅怀、哀悼等负面情感。负面情感被认为是灾难纪念地旅游体验的重要组成，也被认为是区别于其他旅游体验的重要特征（Nawijn et al.，2016）。灾难纪念地负面情感体验的后续行为效应引发学者关注（Nawijn & Pricke，2013；Zhang et al.，2016；Lee，2016）。尽管负面情感体验维度、内容、程度各

异,本书通过结构方程证明悲伤、缅怀、哀悼等负面情感对于地方满意具有显著影响,通过地方满意间接影响地方重访意愿、地方保护意愿。本书与 Nawijn & Pricke(2013)研究结果相类似,即负面情感体验对于地方重访意愿有显著正向影响,而与 Zhang et al. (2016)、Lee (2016)研究结果存在区别,后两者认为负面情感体验与地方重访意愿无显著影响。

第三,抗灾记忆、观念启示对地方满意正向影响显著。

北川老县城不仅唤起游客的负面记忆、认知、情感,还唤起正面的抗灾记忆与观念启示。悬挂在北川老县城的横幅标语,个人抗灾、顽强求生的故事介绍,以及地震纪念馆相关的抗灾展陈,唤起了游客一手的异地抗灾记忆和二手的抗灾媒体记忆,包括抗灾过程中官兵抢险救灾、救死扶伤和灾后来自全国各地的帮助、灾后恢复与重建等。结构方程显示,正面的抗灾记忆对于地方满意具有显著正向影响,并通过地方满意间接作用于地方行为意愿。Stone(2012)认为,灾难纪念地展现灾难、死亡等黑色场景,普通个体通过凝视他人死亡来反思个人。灾难带来的巨大损失与伤亡,唤起个人关于地方各种负面、正面的记忆、联想、情感、认知,并形成关于生命与死亡、人与地方(自然环境)的思考。北川老县城地震遗址带给普通游客的观念思考包括"自然面前,人类渺小"、"生命无常,珍爱生命"、"灾难无情,人间有情"等。结构方程显示,正面的观念启示对于地方满意具有显著正向影响,并通过地方满意间接作用于地方行为意愿。

第四,地方满意对地方保护意愿、地方重访意愿正向影响显著。

灾难纪念地、黑色旅游背景下,鲜有研究揭示地方满意度。本书发现,灾难纪念地旅游的地方满意度与大众旅游的区别在于,关于灾难事件与地方的正面、负面的记忆、联想、认知、情感、观念启示等均构成满意度来源,对其均具有积极的影响。北川老县城地震遗址满足游客对于见证汶川地震这一国家重大历史事件、获得情感体验、受到爱国主义教育、增长地震科普知识、启发个人对于生死的思考等需求(Yan et al. , 2016;Tang, 2014)。游客参观做出的综合评价,包括"具有高度象征意义"、"给人许多教育启迪"、"带来许多情感触动"、"体验难以忘记"。有研究将获益感作为满意度的替代,揭示旅游动机、体验与获益感之间的关系(Kang et al. , 2012;方叶林等,2013),然而缺乏对地方满意(获益)后续行为效应的揭示。本书通过结构方程模型,验证了灾难纪念地的地方满意对于地方保护意愿、地方重访意愿的显著正向影响。

综上,游客集体记忆、地方满意、地方行为意愿结构方程模型如图 6-6 所示。

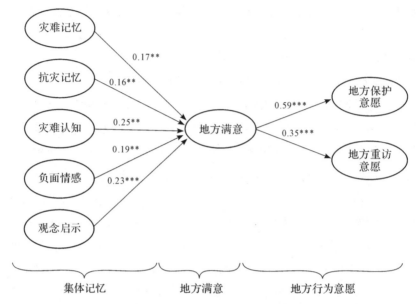

图 6-6 游客集体记忆、地方满意、地方行为意愿结构方程模型

注:*** 表示显著性水平 $p<0.001$,** 表示显著性水平 $p<0.05$。

第七章　不同群体集体记忆与地方建构比较

一、官方与民间集体记忆、地方建构比较

（一）集体记忆比较

北川老县城地震遗址、遗址标识（标识牌、横幅）、纪念景观（中央祭奠园），5·12汶川特大地震纪念馆（纪念馆图文、灾难纪念物、展陈空间营造），以及特定的纪念仪式（北川公祭日、纪念馆及网上纪念仪式），构建了官方视角下的灾难纪念地的集体记忆和地方空间。官方视角下的集体记忆内容主要包括：①地震灾难场景和地方损失，如坍塌建筑、损毁设施、地质塌方、地震断面等，以及人员死伤（遇难、受灾等）、物质损失（建筑损毁面积、经济损失等）；②抗灾经历与抗灾精神，如党和政府领导下的抗灾事迹、抗灾精神宣传，居民积极抗灾、顽强生存的英勇事迹等。

北川老县城地震遗址是居民集体记忆的载体，重访过程能唤起居民复杂的地方回忆、认知、情感、观念、地方感等。居民集体记忆内容主要为：①怀旧记忆，如怀念地震前的地方、生活、人与事；②灾难记忆，如地震地动山摇、建筑坍塌情景、遇难和受伤同胞；③抗灾记忆，如抢险救灾、救死扶伤、来自全国各地的帮助支持、遗址保护和家园建设等；④创伤情感，如恐惧、悲伤、惋惜、心理阴影等；⑤观念启示，如人与自然的关系、对生命与死亡的反思、抗灾精神等。

地震遗址、官方展陈空间、地震纪念馆等共同唤起游客关于汶川地震这一重大灾难事件的记忆，官方展陈文字和图片等加强了游客对于灾难与地方的认知，个人记忆、认知伴随着情感，产生深刻的反思和观念。游客集体记忆内容主要为：①灾难记忆，如地震地动山摇、建筑坍塌情景、遇难和受伤同胞；②抗灾记忆，如抢险救灾、救死扶伤、来自全国各地的帮助支持、遗址保护和家园建设等；

③灾难认知，如重大人员和财产损失；④负面情感，如悲伤、惋惜北川灾区、缅怀遇难同胞；⑤观念启示，如人与自然关系、生命与死亡、抗灾精神等。

对比官方、居民、游客三者建构的集体记忆内容，可以发现其中的区别（见表7-1）。从时间角度：官方集体记忆是汶川地震震时、震后灾难记忆、抗灾记忆；居民集体记忆是震前日常生活记忆，以及震时、震后的灾难记忆、抗灾记忆；游客集体记忆受官方与媒体宣传影响，亦是以震后记忆为主，但也不乏来自四川灾区游客的震时、震后的灾难亲身经历与记忆。从集体记忆维度：官方记忆更偏向历史，是对灾难事件、灾难地的展示和陈述，通过集体记忆突出地方的灾难科普教育、抗灾精神传承、纪念遇难同胞等功能，而民间（居民、游客）集体记忆包含着各自对灾难事件和地方的体验与解读，在个人回忆、认知的基础上，又蕴含复杂的情感和观念启示等维度。从集体记忆建构过程：官方记忆是通过地震遗址、纪念馆（展陈空间）、文字图片、纪念景观、纪念仪式等形成，将集体记忆外化、物质化的过程，而民间（居民、游客）集体记忆建构是通过对物化的集体记忆载体的感知，唤起和形成个人记忆，并通过群体交流共享而形成记忆的过程。其中，居民集体记忆更多是个人一手经历、情感、观念，而游客集体记忆更多的是个人被唤起的二手经历，以及个人对地方形成的认知、情感、观念。

表7-1　官方与民间（居民、游客）集体记忆比较

项目	官方集体记忆	居民集体记忆	游客集体记忆
内容	灾难场景与损失、抗灾经历与精神	怀旧记忆，灾难记忆、抗灾记忆，创伤情感、观念启示	灾难记忆、抗灾记忆灾难认知，负面情感、观念启示
时间	震时、震后	震前、震时、震后	震时、震后
构成	历史选择性陈述	一手的记忆、情感、认知、观念启示	二手的记忆、认知、情感、观念启示
建构过程	物质化、记忆外化	个体唤起、记忆内化	个体感知、记忆内化

（二）地方空间建构比较

从官方视角，地方空间建构是北川老县城地震遗址保护与灾难空间展示、纪念景观建设、5·12汶川特大地震纪念馆与网上纪念馆的建设。通过遗址标识牌、横幅、纪念景观、纪念馆、灾难纪念物、展陈空间，以及网上展示与纪念仪式等营造，构建了官方视角下的集体记忆，相关空间承载了灾难（地震）科普、抗灾精神传承、纪念遇难同胞等功能。本书通过 ArcGIS 对北川老县城官方空间

（地震遗址标识空间）分析，得到官方空间集聚的三个区块，一个是北面新城区区块，一个是南面老城区区块，另一个是5·12汶川特大地震纪念馆区块。密集中心出现在北面新城区围绕中央祭奠园和镇政府两处（见图7-1）。

从居民视角，北川老县城地震遗址唤起集体记忆，承载了复杂的震前怀旧记忆和震中、后地方灾难和抗灾记忆。本书通过ArcGIS对集体记忆深刻空间进行核密度分析，发现居民集体认知记忆空间呈现三块集聚区，一个是北面新城区区块，一个是南面老城区区块，另一个是5·12汶川特大地震纪念馆（即原北川中学所在）区块。密集中心出现在南面老城区十字路口、农贸市场一带，这是老县城曾经最繁华、热闹的地带，也是地震中被夷为平地、损毁最严重的地方。尽管这些空间中曾经的建筑、景观已经不复存在，但这些承载居民日常记忆和灾难经历的地方却深刻地印在当地居民的集体记忆里。而震后囿于遗址开放与展陈空间的限制，居民出于祭奠故人、怀念故土等原因重访老县城主要集中在北面新城区中央祭奠园区域，相应地，GIS核密度分析居民集体行为集聚中心也在此。

从游客视角，北川老县城官方展陈空间和叙事，唤起了四川省内游客一手的灾难、抗灾记忆，以及省外普通游客关于地震灾难的媒体记忆，同时强化了游客对于地方灾难规模与后果的认知。游客对于那些官方标识的受灾严重地、同胞集体遇难地、集中安葬地，以及积极抗灾、顽强求生等感人故事发生地和抗灾精神象征地留下深刻记忆。GIS核密度分析发现，游客集体认知记忆空间集中在北部新城区中央祭奠园处。

综上，本书发现官方展陈空间、居民集体认知记忆空间、居民集体行为空间、游客集体认知记忆空间存在差异，且空间之间存在复杂的影响关系（见图7-2）。官方集体记忆空间主要包括地震遗址本体空间，以及在此基础上的官方展陈空间，前者影响后者，后者是对前者的保护和空间选择性开放。地震遗址空间唤起居民集体认知记忆空间及复杂的个人生活记忆、灾难记忆、抗灾记忆等。认知记忆影响行为，因此居民集体行为空间受其认知记忆空间影响，同时官方展陈空间，特别是遗址的空间管制，影响了居民的集体行为空间。灾后居民行为更多局限于到中央祭奠园集中纪念逝去亲人，而前往曾经的家、工作地，以及地震亲历地和亲人遇难地囿于局部空间管制而无法实现。游客集体认知空间主要受地震遗址空间的唤起，以及官方展陈空间的影响，其中官方展陈强化了游客对于北川老县城空间的记忆。

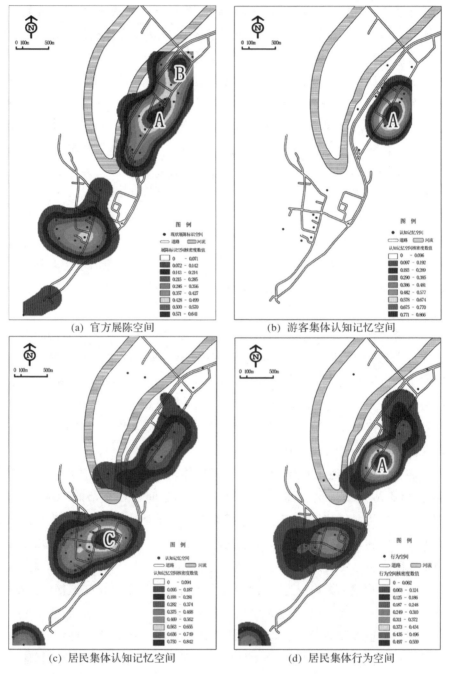

(a) 官方展陈空间　　　　　　(b) 游客集体认知记忆空间

(c) 居民集体认知记忆空间　　　　　　(d) 居民集体行为空间

图 7-1　官方集体记忆建构空间与民间集体记忆建构空间对比

注:A 为中央祭奠园区域,B 为镇政府区域,C 为十字口、农贸市场区域。

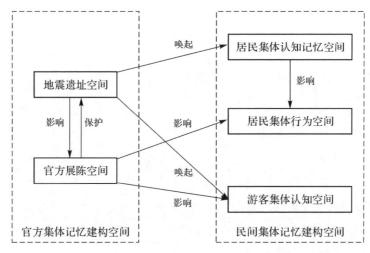

图 7-2　官方集体记忆空间与民间集体记忆空间的影响关系

二、居民与游客集体记忆、地方建构比较

为更深入了解居民、游客集体记忆和地方建构的差异程度,我们对居民、游客问卷关于集体记忆、地方功能感知、地方行为意愿维度进行均值对比。我们在 SPSS 软件中将两份问卷相同题项、与因子进行合并,采用独立样本 t 检验,比较两者在这些题项与维度上的差别。

(一)集体记忆比较

研究显示,居民集体记忆维度包括灾难记忆、抗灾记忆、怀旧记忆、创伤情感、观念启示,游客集体记忆维度包括灾难记忆、抗灾记忆、灾难认知、负面情感、观念启示。怀旧记忆是居民集体记忆特有的维度。尽管居民、游客集体记忆中都包含情感维度,但两者内容存在一定差异,不具可比性。居民情感主要为地震、家园毁灭所带来的恐惧、悲伤、心理阴影、创伤等个体层面的负面情感,而游客主要从局外人角度感受到悲伤,对逝者的缅怀、哀悼等情感。游客形成了灾难认知的维度,而居民未形成该维度,但两者有相同测量题项,因此本书将该题项进行对比,再结合其他相同维度,居民和游客集体记忆差异程度见表 7-2。

表 7-2　居民与游客集体记忆测量题项均值比较

题项	居民（$N=307$）		游客（$N=298$）		t	p
	均值	标准差	均值	标准差		
DM 灾难记忆	4.19	1.020	3.99	0.683	2.827	0.005**
DM1 唤起地动山摇的情景	4.18	1.171	3.88	0.855	3.605	0.000***
DM2 唤起建筑坍塌的惨状	4.24	1.104	4.08	0.763	2.085	0.038**
DM3 想起遇难和受伤的同胞	4.14	1.032	4.00	0.718	1.942	0.053*
FDM 抗灾记忆	4.25	0.803	4.03	0.755	3.499	0.001**
FDM1 想起震时抢险救灾救死扶伤	4.19	0.880	3.96	0.870	3.175	0.002**
FDM2 想起抗灾全国各地帮助支持	4.31	0.839	4.03	0.879	3.900	0.000***
FDM3 想起震后遗址保护家园建设	4.27	0.889	4.10	0.843	2.363	0.018**
DC 灾难认知	4.78	0.545	4.57	0.578	4.630	0.000***
DC1 地震给当地带来巨大损失	4.78	0.545	4.57	0.578	4.630	0.000***
IA 观念启示	4.53	0.650	4.59	0.517	1.409	0.159
IA1 体会到"自然面前，人类渺小"	4.51	0.781	4.62	0.652	−1.923	0.055*
IA2 体会到"生命无常，珍爱生命"	4.54	0.701	4.61	0.610	−1.311	0.190
IA3 体会到"灾难无情，人间有情"	4.53	0.733	4.55	0.645	−0.347	0.728

注：*** 表示显著性水平 $p<0.001$，** 表示显著性水平 $p<0.05$，* 表示显著性水平 $p<0.1$。

居民灾难记忆、抗灾记忆、灾难认知三维度均值（$M_{RDM}=4.19$，$M_{RFDM}=4.25$，$M_{RDC}=4.78$）显著高于游客（$M_{TDM}=3.99$，$M_{TFDM}=4.03$，$M_{TDC}=4.57$），说明北川老县城地震遗址唤起居民的灾难记忆、抗灾记忆，以及形成的灾难认知要强于游客。而观念启示这一维度上居民与游客并无显著差异，说明不管是亲身经历地震的居民群体，还是普通游客群体，灾难事件带来的启示都十分强烈。

（二）地方功能感知比较

无论是居民还是游客，地方功能感知维度都包含科普地、纪念地、恐惧地、旅游地。表 7-3 显示：科普地功能感知，居民均值（$M_{RPFE}=4.22$）显著小于游客（$M_{TPFE}=4.53$），说明游客对于北川老县城再现地震灾难、抗震救灾的感知要高于居民；纪念地功能感知，居民均值（$M_{RPFM}=4.66$）显著大于游客（$M_{TPFM}=$

表7-3　居民与游客地方功能感知测量题项均值比较

题项	居民（N＝307）		游客（N＝298）		t	p
	均值	标准差	均值	标准差		
PFE 科普地功能感知	4.22	0.891	4.53	0.541	−5.084	0.000***
PFE1 再现了地震灾害	4.31	0.993	4.67	0.518	−5.641	0.000***
PFE2 展示了抗震救灾	4.14	0.941	4.39	0.735	−3.586	0.000***
PFM 纪念地功能感知	4.66	0.584	4.49	0.663	3.278	0.001**
PFM1 缅怀逝者的地方	4.74	0.571	4.56	0.676	3.527	0.000***
PFM2 寄托哀思的地方	4.58	0.712	4.42	0.754	2.580	0.010**
PFF 恐惧地功能感知	2.58	1.053	2.44	1.024	1.660	0.097*
PFF1 恐惧的地方	3.01	1.281	2.78	1.278	2.254	0.025**
PFF2 不吉利的地方	2.14	1.143	2.10	1.054	0.514	0.607
PFT 旅游地功能感知	2.60	1.241	2.38	1.187	2.177	0.004**
PFT1 休闲旅游的地方	2.59	1.271	2.33	1.181	2.548	0.011**
PFT2 观光游览的地方	2.61	1.264	2.43	1.257	1.719	0.086*

注：*** 表示显著性水平 $p < 0.001$，** 表示显著性水平 $p < 0.05$，* 表示显著性水平 $p < 0.1$。

4.49），说明居民对于北川老县城作为缅怀逝者、寄托哀思的功能感知要显著高于游客；恐惧地功能感知，居民均值（$M_{RPFF} = 2.58$）显著大于游客（$M_{TPFF} = 2.44$），但两者都较弱（均值均小于3），相比而言，居民的恐惧感稍强于普通游客；旅游地功能感知，居民均值（$M_{RPFT} = 2.60$）显著大于游客（$M_{TPFT} = 2.38$），尽管两者对于北川老县城作为休闲观光地的感知都不强烈（两者均小于3），但是居民对于地方的休闲旅游功能感知稍强于游客。

综上，不论是居民还是游客，对于北川老县城作为科普地、纪念地的感知和认同均较强，而对其作为恐惧地、旅游地的感知和认同均较弱。相比而言，居民更认同北川老县城作为纪念地，而游客更认同科普地。某种程度上，这与地方参观动机有密切关系。对于居民而言，重访北川老县城更多为了缅怀逝者、寄托哀思；而普通游客，更多是出于见证历史事件、科普受教目的（Tang, 2014；Yan et al., 2016）。

(三)地方行为意愿比较

居民、游客地方行为意愿均包含地方重访意愿与地方保护意愿两维度。表 7-4 显示:地方重访意愿,居民均值($M_{\mathrm{RPBI}}=3.98$)显著大于游客($M_{\mathrm{TPBI}}=3.75$);地方保护意愿,居民均值($M_{\mathrm{RPPI}}=4.64$)也显著大于游客($M_{\mathrm{TPPI}}=4.51$)。可以说,当地居民的地方行为意愿高于外地游客。

表 7-4　居民与游客地方行为意愿测量题项均值比较

题项	居民(N=307)		游客(N=298)		t	p
	均值	标准差	均值	标准差		
PBI 地方重访意愿	3.98	0.962	3.75	1.047	2.855	0.004**
PBI1 我会经常回来	3.99	1.045	3.60	1.227	4.173	0.000***
PBI2 我会带亲朋来	3.94	1.084	3.85	1.103	1.644	0.101
PBI3 我会推荐给别人	4.02	1.049	3.79	1.092	1.922	0.055*
PPI 地方保护意愿	4.64	0.620	4.51	0.529	2.875	0.004**
PPI1 希望地震遗址得到保护	4.70	0.644	4.65	0.538	1.023	0.307
PPI2 愿意积极参加地震遗址保护	4.64	0.634	4.48	0.615	3.122	0.002**
PPI3 愿意为地震遗址保护捐款	4.60	0.709	4.40	0.640	3.584	0.000***

注:*** 表示显著性水平 $p<0.001$,** 表示显著性水平 $p<0.05$,* 表示显著性水平 $p<0.1$。

(四)集体记忆、地方功能感知、地方行为意愿相关模型比较

1.居民视角

怀旧记忆、抗灾记忆、观念启示与纪念地、科普地功能感知显著正相关;纪念地、科普地功能感知与地方保护意愿、地方重访意愿显著正相关;恐惧地功能感知与地方保护意愿显著负相关。

2.游客视角

抗灾记忆、灾难认知、观念启示与纪念地、科普地功能感知显著正相关;灾难记忆与纪念地功能感知显著正相关;负面情感、观念启示与旅游地功能感知

显著负相关;纪念地功能感知与地方保护意愿、地方重访意愿显著正相关;科普地功能感知与地方保护意愿显著正相关;恐惧地功能感知与地方保护意愿呈显著负相关。

3.居民、游客共同视角

抗灾记忆、观念启示与纪念地、科普地功能感知显著正相关;纪念地功能感知与地方保护意愿、地方重访意愿显著正相关;科普地功能感知与地方保护意愿显著正相关;恐惧地功能感知与地方保护意愿显著负相关(见图 7-3)。

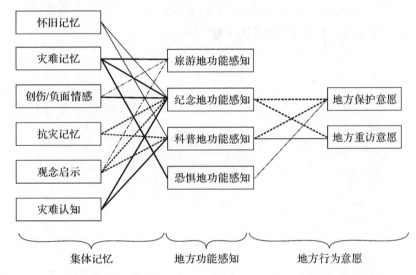

图 7-3 居民游客集体记忆、地方功能感知、地方行为意愿相关关系模型

注:居民各维度间相关路径,——表示正相关,-----表示负相关。游客各维度间相关路径,——表示正相关,·······表示负相关。居民、游客各维度间相关路径,··········表示正相关,———表示负相关。

(五)集体记忆、地方感、地方行为意愿结构方程模型比较

1.居民视角

怀旧记忆、抗灾记忆、观念启示等正面集体记忆维度对地方认同有显著正向影响,地方认同对地方保护意愿、地方重访意愿具有显著正向影响。

2. 游客视角

无论是灾难记忆、负面情感、灾难认知等负面体验和记忆，还是抗灾记忆、观念启示等积极体验，都对地方满意具有显著正向影响，地方满意对地方保护意愿、地方重访意愿具有显著正向影响。

3. 居民、游客共同视角

发现抗灾记忆、观念启示这两项集体记忆的正向维度对地方感（居民的地方认同、游客的地方满意）都有显著的正向影响，而地方感对于地方保护意愿、地方重访意愿具有显著正向影响（见图 7-4）。

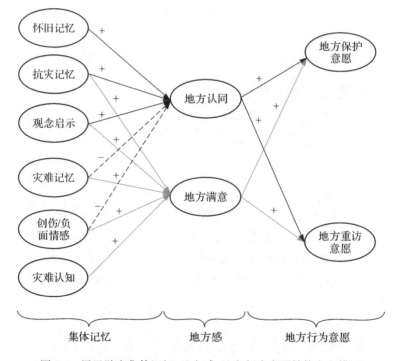

图 7-4 居民游客集体记忆、地方感、地方行为意愿结构方程模型

注：居民集体记忆、地方认同、地方行为意愿影响路径，——→ 表示显著，- - -→ 表示不显著。游客集体记忆、地方认同、地方行为意愿影响路径，——→ 表示显著，- - -→ 表示不显著。＋表示正向影响，－表示负向影响。

三、普遍意义下的灾难纪念地集体记忆与地方建构的理论模型

以北川老县城为代表的灾难纪念地,包括地震遗址、纪念馆、纪念仪式等,某种意义上是官方记忆的载体。而居民、游客是灾难纪念地重要的利益群体,也是民间记忆的主体。灾难纪念地访问通过地方感知过程,唤起个人记忆,使其形成认知、情感、观念启示等,亦是集体记忆建构的过程,并基于地方与灾难的集体记忆,形成了居民、游客的地方空间意象、地方感、地方功能感知,影响地方行为意愿。而居民、游客的地方建构,影响真实地方的保护与改造实践(见图 7-5)。

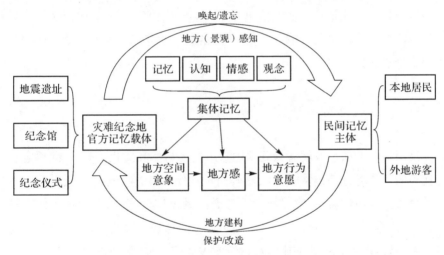

图 7-5　不同群体视角下灾难纪念地集体记忆与地方建构互动影响机制

具体来说,居民视角下,北川老县城重访过程中,曾经居住和生活的空间唤起地方怀旧、亲身经历的一手灾难事件经历(灾难记忆、抗灾记忆)。居民建构的北川老县城地方空间以日常生活空间、地震空间为主,形成以悲伤、恐惧、惋惜等为主的创伤情感,亦形成关于人与地方关系的反思、生命与死亡的思考等。某种程度上,居民的记忆、情感、观念启示等都是亲历者视角。一系列人与地方正向和负向的经历、记忆、感受等构成集体记忆,而这种个体层面的集体记忆受官方记忆影响相对较小。居民对北川老县城整体的感受更多的是一种地方认同。尽管地震这一灾难事件毁灭了地方,原有的地方物质性依靠(生产、生活空间)不复存在,地方功能亦发生极大改变,然而地方认同作为人与地方之间较为

稳定的情感和关系纽带，并没有随着地方毁灭而走向负面。居民仍然怀念北川老县城，认同其作为自己故乡、精神寄托。而这一积极的地方认同，增强了居民地方保护与重访意愿。

游客视角下，北川老县城参观过程、官方展陈凝视过程，是灾难纪念地感知和体验的过程，唤起了绝大部分游客关于灾难和抗灾的二手记忆，并形成了灾难认知、负面情感、观念启示等。从某种程度上说，游客的记忆、认知、情感、观念启示等构成的集体记忆是来自一种局外人视角，更大程度上受官方展陈、解说等影响。其参观过程亦是灾难事件见证、历史学习、抗灾知识受教的过程，因此游客对地方的科普教育功能感知更为强烈，对北川老县城整体的感受更多的是参观后的获益感和基于地方满足自身价值、发展需要的满意度。尽管北川老县城参观过程可能带来负面的情感体验，但整个体验过程、集体记忆建构过程对地方满意产生积极的影响，而这种积极的地方满意增强游客的地方保护意愿和地方重访意愿。

四、灾难纪念地可持续发展对策建议

汶川地震的遗址及纪念景观是国家重要的自然和文化遗产，以北川老县城为代表的灾难遗址遗迹将长期激发人们对自然环境、生命价值、意义和人文精神的思考。汶川地震后，灾难纪念地旅游蓬勃发展的同时，却忽视了倾听民间声音，往往容易陷入伦理困境，导致地震遗址的保护、开发、展陈等适宜性、合理性受到质疑，以此为依托的旅游可持续发展面临挑战（王晓华，2014）。

本书从官方、居民、游客视角，研究不同群体的集体记忆与地方建构特征，挖掘灾难纪念地"大"的官方叙述背景下，参观受众"小"的民间记忆与感受，对比官方-民间集体记忆内容与地方空间建构的异同，居民-游客关于集体记忆、地方功能感知、地方感、地方行为意愿的异同，以协调多方观点与多群体利益。本书从官方、居民、游客共同视角，提出对以北川老县城为代表的灾难纪念地可持续发展的对策建议，以期对遗址空间规划、保护、开发、功能建设、展陈设计、纪念仪式等起到借鉴作用。

（一）开放更多遗址空间，保护具有象征意义的纪念景观

深入灾难事件、与地方紧密联系的受灾者、见证者、幸存者，了解居民关于

地方的集体记忆、地方空间意象、地方行为意愿,有利于更好地还原历史,保存地方空间,寄托居民的地方情感。本书发现,居民集体认知记忆空间与集体行为空间存在一定差异。居民集体认知记忆空间集聚在老县城,集体行为空间集聚在新县城。记忆与行为的空间不对称,原因在于官方遗址展陈限制了居民集体行为空间。居民对于老县城的集体认知空间与记忆,一方面是震前居住工作空间,承载日常生活怀旧记忆,另一方面是灾难空间,承载了个人受灾和亲朋遇难的创伤记忆;居民集体行为也有地方怀旧、故人祭奠两方面。然而,囿于官方遗址展陈的空间管制,居民无法前往承载满满生活回忆和怀念的老县城、曾经的家和工作地,以及许多地震亲历地和亲人遇难地。许多受访者表达了对于无法实地祭奠故人、实地怀旧的无奈。

结合居民关于老县城的集体认知记忆空间,后期遗址保护工作可以加强对老县城南面的抢救性保护工作,挖掘居民的日常生活空间,以更好地寄托居民的怀旧、思乡情感。应尽可能多地开放居民能到达的遗址区域,以满足居民实地祭奠的愿望。尽管,诸如北川农贸市场、汽车站、县医院、北川中学等居民集体认知记忆高频地,在地震中已经毁灭得无法识别,但仍建议在实地树立标识牌,加以图文介绍,以文本形式保留居民对于家乡的怀旧记忆。此外,一些唤起居民积极记忆、情感、强烈集体认同的地方,比如北川大酒店、北川体育馆、龙尾公园、北川夜市、每年新羌年张灯结彩的街道和庆祝活动等,可在北川新县城的建设中体现与强化老县城一些居民记忆深刻和具有特色的地名,比如文武街、龙尾、禹龙街、西羌街等。

从游客视角,本书发现官方展陈对游客灾难纪念地体验影响较大。官方展陈空间、文本叙述强化了游客对于灾难事件和灾难后果的认知、情感体验、观念启示等。游客难忘的地方除了大规模的地震遗址废墟、同胞遇难地等,还包括一些具有象征意义的小地方,例如不少游客提到红旗、篮球架、横幅等元素类的小地方、纪念物,灾难中蕴含积极向上、顽强求生、大爱无疆的抗灾精神,往往能触动游客情感。因此,联系遗址保护与旅游管理实践,可以深度挖掘蕴含地方积极抗灾精神,能引起游客共鸣、思考的小地方、小景观、小物件,来加强游客对于抗灾记忆、认知、情感的体验。

(二)强化灾难纪念与科普教育功能,弱化地方恐惧与休闲观光功能

居民、游客"集体记忆—地方感—地方行为意愿"结构方程模型显示,抗灾

记忆、观念启示等集体记忆正面维度对地方感（居民的地方认同、游客的地方满意）有显著的正向影响，而地方感对于地方保护意愿、地方重访意愿具有显著正向影响。同时，居民、游客"集体记忆—地方功能感知—地方行为意愿"相关模型揭示了抗灾记忆、观念启示与纪念地、科普地功能感知高度正相关，而旅游地功能感知与游客观念启示显著负相关，恐惧地功能感知与居民、游客地方保护意愿显著负相关。

联系北川老县城地震遗址建设实践，可在地方功能建设、地方展陈设计、灾难旅游地宣传推广方面，加强北川老县城作为纪念地（悼念故人、纪念遇难同胞）、科普地（展示地震灾难、抗灾经历与精神）的功能与形象，促进灾难事件的正面集体记忆（抗灾记忆、观念启示）的建构。例如：在北川老县城遗址建设更多的纪念景观，营造参观者缅怀、哀悼的氛围；增加地震科普标识，完善防灾教育解说，宣传国家政府和民间的抗灾精神等。而北川老县城的休闲旅游地功能会削弱游客情感（缅怀、哀悼）体验和观念启示，恐惧地功能感知亦会降低游客与居民的地方保护意愿。因此，北川老县城需要适当控制休闲观光功能，例如限制遗址内部、纪念馆周边的商业和服务规模，还应减少恐惧地氛围营造，例如在营销方面避免用惊恐、黑暗、恐惧的术语来宣传——尽管这可能吸引极少数对灾难好奇、死亡窥探型游客，但对绝大多数游客及当地居民来说适得其反。

（三）加强抗灾感人事迹叙述，开展多样化的纪念活动与仪式

不管是居民还是游客，积极的抗灾记忆和顽强生存、抗震救灾的英雄事迹，都是灾难事件与地方集体记忆重要的组成部分。特别是游客，许多被访者提到对"芭蕾女孩"、"可乐男孩"、"生命之洞"、"废墟上的恋人"等感人故事记忆深刻。而由真人事迹、感人故事构成的积极抗灾记忆有助于强化居民的地方认同、游客的地方满意，并进一步推动积极的地方行为。因此，遗址与纪念馆展陈宜加强对抗灾感人事迹、英雄故事的叙述与展示。一方面，通过挖掘北川老县城居民对于地方积极抗灾、个人与群体英勇事迹的回忆，不断丰富现有抗灾记忆的内容；另一方面，提高故事叙述的艺术水平，例如，叙事载体可突破现有文字、图片，采用影片、多维仿真模拟等多种途径，依靠先进的博物馆科技，再现抗震救灾、个人顽强生存的场景，创造一个参观者可以参与、互动的情景，优化参观者认知、受教、移情、反思的体验，以强化他们的地方感受与

获益。

　　纪念活动与仪式是集体记忆建构的重要方式。Halbwachs(1992)认为一段记忆被集体接受,意味着按照公众设计的流程将其保留,群体通过定期仪式、纪念活动回忆和复述,以防止集体记忆淡忘。官方纪念仪式包括5月12日早晨的北川公祭日活动(来自各级政府与机关的代表默哀、鲜花仪式)、纪念馆的缅怀厅以及官网的纪念网页。我们在2014年、2015年5月12日实地调研发现,遗址现场有大量居民自发纪念故人的哀悼活动。许多我们游客表示感动并愿意参与纪念活动,然而我们遗憾地发现,遗址现场真正能让游客融入并参与的纪念活动、仪式却非常有限。因此,建议遗址现场提供能让游客表达缅怀、哀悼情感的纪念服务,如献花服务,同时定期举办能让游客参与的纪念仪式与活动,例如每年的清明节、5月12日前后鸣笛、默哀、诵读赞歌、升国旗等,让参与者通过鞠躬、默哀、献花等身体动作,唤起、保留、传承地方集体记忆,增强地方与国家认同。

第八章 结论与展望

一、研究结论

本书以北川老县城地震遗址为案例地,运用定性与定量相结合的方法,从官方、民间(游客、居民)角度分析灾难纪念地集体记忆与地方建构特征,揭示了居民与游客对于北川老县城地震遗址的意象空间、集体记忆、地方功能感知、地方感、地方行为意愿的维度与特征,量化分析了居民与游客集体记忆、地方感/地方功能感知、地方行为意愿之间的影响关系,并提出了集体记忆与地方建构之间互动影响的理论模型。具体研究结论如下。

第一,以地震遗址、纪念馆展陈、纪念仪式等为代表的灾难纪念地物理景观构成官方集体记忆载体,影响民间(居民、游客)集体记忆与地方建构。

地方是集体记忆的载体,地方建构亦是集体记忆的建构过程。灾难纪念地建构,一方面是以官方为代表的政府、规划师、管理者等权威阶级推进国家记忆的物理化、空间化过程,另一方面亦是以居民、游客等为代表的民间群体对集体记忆空间的经历、体验、解读与重构过程。在北川老县城灾难纪念地,官方通过地震遗址保护、纪念景观建设、标识横幅树立、纪念馆展陈等物质形式,以及一年一度的官方纪念仪式、网上纪念仪式等非物质形式,建构了以地震灾难、抗震经历/精神为主题的官方集体记忆。官方通过灾难事件、地方相关集体记忆主题的选择与空间化展陈影响居民和游客的集体记忆、地方空间感、地方情感、地方功能感知,以及后续地方行为。

对比官方展陈空间、居民集体认知记忆空间、居民集体行为空间、游客集体认知记忆空间,本书发现这些空间存在一定差异,且存在复杂的相互影响关系。地震遗址空间、官方展陈空间对游客集体记忆、地方建构影响较大。居民集体认知记忆空间受官方展陈空间影响较小,表现为很多地震中毁灭严重、难以辨

认、未出现在展陈中的地方,仍然能在居民集体认知地图中出现。而居民集体
行为空间却受制于官方对于老县城的规划、空间管制,呈现出与官方展陈空间
相对一致性。

第二,灾难纪念地唤起居民地震前的生活空间、震时和震后的灾难空间,产
生复杂的震前、震时、震后记忆,以及一系列正向与负向的回忆、情感、观念等,
构成复杂的集体记忆。

北川老县城地震遗址不仅是灾难纪念地,也是北川老县城居民曾经的家乡
和灾难事件经历地。出于祭奠逝者、怀念故土等原因,当地居民多次重访北川
老县城。重访过程是一个集体记忆唤起、地方重构的过程。尽管许多地震亲历
者抗拒这一灾难事件、创伤唤起的过程,但这一过程也是在纪念环境下情感宣
泄、创伤治愈的过程。通过开放式问卷调查与访谈,本书发现北川老县城地震
遗址唤起居民的记忆是局内人视角,具有个人化、碎片化、多时空特征。震前震
后记忆、日常记忆、灾难记忆夹杂在一起,产生了多样、复杂的情感,包括悲伤、
难过、心痛、恐惧、害怕、惋惜、平静、怀念、留恋、开心、快乐、感激、骄傲等。地震
记忆引起的创伤情感,对失去的亲人、朋友、同胞的怀念,以及地震前环境、生
活、家引发的怀旧情感是这一过程中主要的情感体验。尽管具体空间引发的情
感以负面为主,但是居民对北川老县城整体还是充满积极的地方情感与认同,
认为它是个人的家乡、根之所在与精神寄托。

第三,居民集体记忆包含怀旧记忆、灾难记忆、创伤情感、抗灾记忆、观念启
示等维度,地方感包含地方认同及纪念地、科普地、旅游地、恐惧地等地方功能
感知,地方行为意愿包含地方重访意愿、地方保护意愿。

居民集体记忆是对地方和灾难事件一系列正面、负面的记忆、情感、观念
等,包含怀旧记忆(老县城熟悉的地方、亲人和朋友、难忘的事情)、灾难记忆(地
动山摇、建筑坍塌、同胞遇难等情景)、创伤情感(恐惧、悲伤、惋惜等)、抗灾记忆
(抗灾抢险、来自全国各地的帮助、灾后恢复重建)、观念启示(人与自然关系的
反思、生命与死亡的思考、抗灾精神)等维度。集体记忆各维度均值由高到低,
分别为观念启示、怀旧记忆、抗灾记忆、灾难记忆、创伤情感,说明居民积极的记
忆和感受(观念启示、怀旧记忆、抗灾记忆)强于消极的记忆和感受(灾难记忆、
创伤情感)。人口统计学特征、受灾程度揭示样本集体记忆各维度的差异,单因
素方差分析显示性别对灾难记忆、创伤情感具有显著差异,女性在灾难记忆、创
伤情感唤起上要强于男性。年龄、居住年限对怀旧记忆、观念启示具有显著影

响,随着年龄与居住年限的增加,居民的怀旧记忆、观念启示感越强。受灾程度(亲朋遇难、身体受伤、财产损失)是影响集体记忆各维度的重要因素,亲朋遇难的个人在怀旧记忆、抗灾记忆、观念启示维度上比亲朋未遇难者更强烈,而地震中受伤、财产损失多的个人,集体记忆各维度均值都比未受伤者、损失少的个体高。

居民的地方认同均值较高,说明尽管汶川地震这一灾难事件造成了巨大的悲剧与损失,然而事件过去约 10 年,居民对北川老县城的地方认同并没有随着地方毁灭、地方功能置换而转向极端负面。居民的地方功能感知包括纪念地(缅怀逝者、寄托哀思、怀念故土)、科普地(再现地震灾害、抗震救灾)、旅游地(休闲、观光)、恐惧地(恐惧、不吉利)四维度。均值分析显示,居民对纪念地功能感知最强烈,科普地功能感知其次,旅游地功能感知较弱,恐惧地功能感知最弱。居民人口统计学特征与受灾程度对地方认同、地方功能感知有不同程度显著影响。男性的科普地功能感知要强于女性。女性的恐惧地功能感知要强于男性。随着年龄和在北川老县城居住年限的增加,居民的地方认同越强烈,对北川老县城作为纪念故人、怀念故土的纪念地功能感知和认同越强。随着文化程度的提高,居民对旅游地功能感知和认同越弱,对恐惧地功能感知越弱。受灾程度上,亲朋遇难、身体受伤、财产损失严重者在地方认同、纪念地功能感知上更强烈。个人受伤者对恐惧地功能感知更强。亲朋遇难、财产损失严重者的科普地功能感知更强。

居民地方行为意愿主要包括地方保护意愿(希望遗址得到保护、愿意参与保护活动、愿意为遗址保护捐钱)和地方重访意愿(经常回老县城、会带亲朋前来、会推荐给他人)。均值比较显示:地方保护意愿要强于地方重访意愿。单因素方差分析显示:居住年限、亲朋遇难、身体受伤、财产损失等因素影响居民的地方重访意愿,即居住年限较长、地震中有亲朋遇难、身体受伤的居民其地方重访意愿较强,这可能与灾后祭奠故人行为有关系;地方保护意愿受居住年限影响显著,居住年限越长,地方保护意愿越强。

第四,居民集体记忆、地方功能感知、地方行为意愿之间存在复杂的相关关系,集体记忆、地方认同、地方行为意愿之间存在复杂的因果作用关系。

居民集体记忆、地方功能感知、地方行为意愿各维度之间存在着复杂的相关关系。Pearson 相关分析显示,抗灾记忆、怀旧记忆、观念启示与纪念地、科普地功能感知显著正相关,说明居民抗灾记忆、怀旧记忆、观念启示等唤起,能加强纪念地、科普地功能感知,而北川老县城纪念地、科普地功能建构亦能促进游客的怀旧记忆、抗灾记忆以及观念启示等。同时,纪念地、科普地功能感知与地方保护意愿、地方重访意愿显著正相关,说明强化纪念地、科普地功能建构,可以加强居民地方保护意愿与地方重访意愿。而恐惧地功能感知与地方保护意愿显著负相关,说明北川老县城恐惧地形象建构反而削弱居民地方保护意愿。

居民集体记忆、地方认同、地方行为意愿各维度之间亦存在着复杂的因果作用关系。结构方程检验显示,怀旧记忆、抗灾记忆、观念启示对地方认同具有显著的正向影响,说明地方积极的记忆、观念启示等集体记忆正面维度对于强化地方认同具有正向影响。而灾难记忆、创伤情感等集体记忆负面维度对地方认同的负向作用不显著。可能随着时间流逝、灾后恢复推进及灾后宣传,居民的地震记忆、创伤情感逐渐变弱,其对地方认同的削弱作用变得不显著,这也从一定程度上反映了北川老县城居民的灾后心理恢复过程。同时,地方认同对地方保护意愿、地方重访意愿具有显著正向影响。

第五,灾难纪念地参观过程唤起游客地震记忆,强化了对灾难后果的认知,产生一系列正向与负向的情感、观念,构成复杂的集体记忆,留下了难忘的集体记忆空间。

从普通游客视角,参观北川老县城是见证灾难事件、感知灾难与地方的过程,亦是集体记忆建构的过程。地震遗址景观(坍塌的建筑、废墟)唤起游客一手和二手灾难记忆。由于一半以上游客是四川人,甚至亲身经历过汶川地震,参观类似地震场景,唤起了个人异地的地震与抗灾记忆,同时也唤起了外省游客关于国家重大灾难事件的媒体记忆。地震遗址及其标识横幅、地震纪念馆展陈加强了游客对于地震后果、抗震救灾、抗灾精神的认知,使得个人产生悲伤、难过、震惊、恐惧、惋惜、缅怀、感动、感激、骄傲等复杂情感,以及对于生命与死亡、人与自然关系的深刻反思。尽管半数以上游客亲身经历过地震,但并非在北川老县城,外省游客更缺乏类似经历,因此游客对于北川老县城地震遗址的访问,是基于局外人视角,通过消费重大灾难事件和大规模他人死亡(Stone,2012)获得旅游体验,其建构的集体记忆内容、空间更依赖于参观过程中获取的官方信息。

第六,游客集体记忆包含灾难记忆、灾难认知、负面情感、抗灾记忆、观念启示等维度,地方感包含地方满意及纪念地、科普地、旅游地、恐惧地等地方功能感知,地方行为意愿包含地方重访意愿、地方保护意愿。

游客集体记忆包含灾难记忆(地动山摇、建筑坍塌、同胞遇难等情景)、灾难认知(对地方造成重大损失、对群众造成身心创伤)、抗灾记忆(抗灾抢险、来自全国各地的帮助、灾后恢复重建等)、负面情感(悲伤、缅怀、哀悼等)、观念启示(人与自然关系的反思、生命与死亡的思考、抗灾精神)等维度。均值分析可知,游客集体记忆各维度由高到低,分别为观念启示、灾难认知、负面情感、抗灾记忆、灾难记忆。客源地、经历地震的与否是影响集体记忆各维度差异的变量,来自四川省内、经历地震的游客在灾难记忆、抗灾记忆、灾难认知、负面情感、观念启示等方面的均值显著高于四川省外、未经历地震的普通游客。同时,性别、参观次数这两个变量是影响负面情感的因素,女性、第一次参观老县城的游客负面情感体验较强。

地方满意是对于参观过程中环境满足个人体验需求的总体评价。本书发现,游客对北川老县城灾难纪念地满意度较高。游客地方功能感知包括纪念地(缅怀逝者、寄托哀思)、科普地(再现地震灾害、抗震救灾)、旅游地(休闲、观光)、恐惧地(恐惧、不吉利)四维度。均值分析显示,游客的科普地功能感知最为强烈,纪念地功能感知其次,恐惧地功能感知较弱,旅游地功能感知最弱。游客人口统计学特征与受灾程度对地方满意、地方功能感知有不同程度影响。男性在纪念地功能感知上要强于女性。随着年龄增长,游客恐惧地功能感知增强。随着文化程度的提高,游客对北川老县城作为科普地的感知和认同增强。从客源地、灾难经历角度,来自四川省内、经历地震的游客,地方满意度较高。

游客地方行为意愿主要包括地方保护意愿(希望遗址得到保护、愿意参与保护活动、愿意为遗址保护捐款)和地方重访意愿(愿意再次来访、会带亲朋前来、会推荐给他人)。均值比较显示,游客的地方保护意愿要强于地方重访意愿。同时,客源地、经历地震与否是影响游客地方行为意愿的因素,四川省内、经历地震的游客在地方重访意愿、地方保护意愿上的均值要高于省外、未经历地震的游客。

第七,游客集体记忆、地方功能感知、地方行为意愿之间存在着复杂的相关关系,集体记忆、地方满意、地方行为意愿之间存在着复杂的因果作用关系。

游客集体记忆、地方功能感知、地方行为意愿之间存在着复杂的相关关系。Pearson 相关分析显示,纪念地功能感知与集体记忆各维度均存在显著正相关关系。科普地功能感知与抗灾记忆、灾难认知、观念启示显著正相关。旅游地功能感知与负面情感、观念启示显著负相关，这可能与游客对休闲、观光的传统旅游认知有关，灾难纪念地负面情感体验以及对灾难、生命的观念启示与传统旅游感受相悖。游客地方保护意愿与纪念地、科普地功能感知高度正相关，与恐惧地功能感知显著负相关。游客地方重访意愿与纪念地功能感知高度正相关，这可能因为重访的游客绝大多数是与汶川地震这一灾难事件以及北川老县城具有联系的个体，很多都是绵阳、成都的访客，过来祭奠亲友。

游客集体记忆、地方满意、地方行为意愿之间亦存在着复杂的因果关系。结构方程检验显示，不管是正向的抗灾记忆、观念启示，还是负向的灾难记忆、灾难认知、负面情感等集体记忆维度，都对地方满意具有显著正向影响。同时，地方满意对地方保护意愿、地方重访意愿具有显著正向影响。灾难纪念地视角下，游客地方体验对地方行为意愿的影响是一个具有争议和亟待深入的话题，本书揭示了地方负面的记忆、认知、情感等组成的集体记忆，亦能促进正面的地方满意，从而增强地方重访与保护意愿。

第八，居民与游客对于灾难纪念地的集体记忆、地方功能感知、地方感、地方行为意愿，以及集体记忆、地方功能感知、地方行为意愿的相关关系，集体记忆、地方感、地方行为意愿在因果关系上存在差异。

居民和游客是北川老县城这一灾难纪念地的受众主体。两个群体与灾难事件、地方的联系程度的差异，造成了其在集体记忆、地方感、地方功能感知、地方行为意愿维度、内容、程度及作用关系上均存在一定差异。

从集体记忆角度，怀旧记忆是居民特有的维度。尽管居民、游客集体记忆中都包含情感维度，但两者内容存在差异，居民情感主要为地震灾难及家园毁灭所带来的恐惧、悲伤、心理阴影、创伤等个体层面的负面情感，而游客情感主要从局外人角度感受到悲伤，以及对逝者的缅怀、哀悼等情感。对居民、游客共有的三维度（灾难记忆、抗灾记忆、观念启示）均值比较发现，居民的灾难记忆、抗灾记忆均值要显著高于游客，反映了与灾难事件、地方联系越密切的个人，亲身在北川老县城经历灾难的居民在这方面的记忆要强于普通游客。而灾难与地方带来的观念启示两者并无显著差异，说明不管是在地方亲身经历地震的居民群体，还是普通游客群体，灾难事件带来的启示都十分强烈。

地方感强调的是人与地方之间强烈的情感联系。从这个角度，尽管北川老县城在地震中已经失去了其原本的居住、生产功能，取而代之的是纪念、科普教育、参观游览等功能，但居民对其仍然具有强烈的地方认同，这种地方认同（地方感)是基于北川老县城作为曾经的家乡，在居民心中的植根性、情感(精神)寄托。而游客对于北川老县城的地方感，更多的是对参观过程中地方满足个人体验需求(教育启迪、情感体验等)的总体评价，是一种地方满意感。不管是居民还是游客，对于北川老县城的纪念地、科普地功能感知和认同都较高，对于地方作为旅游地、恐惧地的功能感知和认同都较低。相比较而言，居民更认同北川老县城作为纪念地，而游客更认同其科普地功能。某种程度上，这与灾难纪念地参观动机有密切关系。对于居民而言，重访老县城更多是为了缅怀逝者、寄托哀思，而普通游客，更多是出于见证历史事件、科普受教的目的。

从地方行为意愿角度，无论是当地居民还是普通游客，地方行为意愿均包含地方重访意愿与地方保护意愿。均值比较发现，居民无论在地方重访意愿还是地方保护意愿上均高于游客。

从集体记忆、地方功能感知、地方行为意愿相关关系角度，无论居民还是游客，抗灾记忆、观念启示与纪念地、科普地功能感知显著正相关，纪念地功能感知与地方保护意愿、地方重访意愿显著正相关，科普地功能感知与地方保护意愿显著正相关，而恐惧地功能感知与地方保护意愿显著负相关。

从集体记忆、地方感、地方行为意愿因果关系角度，居民的地方认同作为集体记忆与地方行为意愿之间的中介变量，而游客的地方满意作为集体记忆与地方行为意愿之间的中介变量，串起整个模型。居民游客共同视角下，抗灾记忆、观念启示等集体记忆正向维度对地方感(地方认同、地方满意)均具有显著正向影响，而地方感(地方认同、地方满意)对于地方保护与重访意愿具有显著正向影响。综上，不管是居民还是游客样本，都证明了集体记忆—地方感—地方行为意愿模型在揭示灾难纪念地背景下人与地方关系的有用性。

第九，普遍意义下的灾难纪念地集体记忆与地方建构互动影响模型。

以北川老县城为代表的灾难纪念地，包括地震遗址、纪念馆、纪念仪式等，某种意义上是官方记忆(国家记忆)的载体。官方视角下，地震遗址规划、保护、遗址展陈、纪念馆、网上纪念馆、纪念仪式等物质与非物质形式的建设，是集体记忆的选择、物理化、空间化过程。本地居民、外地游客是灾难纪念地重要的利益主体，也是民间记忆的主体。居民和游客对灾难纪念地的访问，是对地方、官方集体记忆的解读、再建构过程。这一过程，唤起个人灾难事件和地方记忆(怀旧记忆、灾难记忆、抗灾记忆)，形成认知(灾难认知)、情感(创伤和负面情感)、观念启示(生命与死亡、人与自然、抗灾精神)等，构成了民间群体的集体记忆。

基于地方与灾难的集体记忆,形成了居民、游客的地方空间意象、地方感(地方认同、地方满意)、地方功能感知,影响地方行为意愿(地方保护意愿、地方重访意愿)。而居民、游客的地方行为意愿,影响真实地方的保护与改造实践。

二、研究创新

第一,搭建了灾难纪念地背景下集体记忆与地方建构的研究框架,探讨了民间视角下集体记忆维度与程度,拓展了集体记忆理论在人文地理领域的定量实证研究。

灾难纪念地反映了人与地方之间负面、矛盾、复杂的关系。集体记忆理论为探讨不同群体与不同类型地方、空间、景观之间关系,提供了新的研究视角和理论支撑。尽管集体记忆是近 20 年来人文社科领域的研究热点,然而,地理学相较于其他人文学科,相关研究仍然滞后,国内人文地理研究更处于起步阶段。本书梳理和借鉴国内外集体记忆相关研究成果,以灾难纪念地这一特殊地方为案例地,从集体记忆载体(北川老县城地震遗址、5·12 汶川特大地震纪念馆等)、主体(官方、居民、游客)与过程(机制)三方面,搭建了灾难纪念地背景下集体记忆与地方建构的研究框架,揭示了官方与民间集体记忆和地方建构机制,以案例实证形式拓展了集体记忆理论在人文地理领域的运用和发展。

在国内外人文地理领域,集体记忆研究较多着眼于宏观、官方视角下国家记忆的选择、记忆景观的物理化与空间化过程,强调集体记忆对国家认同与集体凝聚力的作用。方法上以定性研究为主,鲜有定量研究。尽管在城市记忆领域出现了一些结合空间认知理论、认知地图、GIS 可视化等方法研究城市记忆空间类型、要素、分异的定量研究,但局限于基础空间要素的量化统计跳过了挖掘影响不同群体层面集体记忆差异的前因后果,以及集体记忆与地方、空间、景观之间复杂、矛盾的关系。集体记忆不仅具有社会性,涉及所谓的社会传统,它也是个人记忆的集合,包含记忆、认知、情感、观念等。集体记忆的微观视角、乡土性、情感性相对受到忽视,鲜有研究从个体心理层面揭示集体记忆的维度与特征。本书从微观视角,探讨灾难纪念地所唤起和建构的居民、游客的集体记忆维度与特征,开发了集体记忆测量量表,测定了个体层面集体记忆的程度,揭示了影响居民、游客集体记忆的个体因素(人口统计学特征、受灾程度),从案例角度科学实证了集体记忆构成的记忆、认知、情感、观念等维度,一定程度上推进了集体记忆的定量研究。

第二，挖掘了灾难纪念地这一特殊类型的地方感，探讨影响地方感的前置因素与过程途径，实证了"集体记忆—地方感—地方行为意愿"结构方程模型的有效性。

人地关系是地理学的研究传统。然而，绝大多数研究关注人与地方之间积极的经历，很少关注消极、矛盾的一面。大规模灾难事件导致地方破坏甚至毁灭，破坏人与地方之间的功能联系和情感纽带；灾后迁居与地方功能置换过程中，地方从居住、生产功能转变为以纪念、科普为主要功能，个人被迫与灾难环境、新的地方功能建立联系。灾难纪念地特殊、复杂的人地关系值得地理、旅游与灾害领域的关注，然而鲜有研究揭示地方物理环境灾难性突变后的地方感变化及其影响因素与过程途径。本书以北川老县城地震遗址这一灾难纪念地为研究对象，挖掘与地方具有不同联系的群体的地方感，发现关于灾难事件与地方的集体记忆是影响居民地方认同、游客地方满意的前置影响因素。本书以案例形式丰富了不同类型地方感的研究，弥补了相关研究中地方感前置影响因素与作用途径的不足。

理论上，集体记忆被认为是地方感的来源，是强化地方感和促进地方行为（决策）的重要因素。然而，缺乏实证研究揭示集体记忆、地方感、地方行为之间的关系和影响途径。本书量化实证了"集体记忆—地方感—地方行为意愿"这一结构方程模型在揭示参观者心理与行为上的有效性，从实证研究角度揭示了集体记忆与地方感的多维度性，以及不同群体在两者维度、内容、程度上的差异，揭示了并非所有的集体记忆都能强化地方感：居民对灾难事件与地方的负面经历、记忆、情感对地方认同没有显著影响，反而会削弱地方认同；游客的负面情感体验反而能强化地方满意。

第三，引入集体记忆、地方建构理论，丰富灾难纪念地的研究视角与方法；比较居民、游客感知体验差异，拓展灾难事件、地方相关群体的实证研究。

本书融合灾难纪念地供给（地方）、需求（参观者）双方，引入集体记忆与地方建构理论，从地理学视角探讨不同群体（官方、居民、游客）集体记忆、地方建构的特征，以及集体记忆对于地方建构的影响机制，从人地互动角度揭示灾难纪念地旅游体验本质，扩展了以动机、感知（获益）、行为为代表的灾难纪念地、黑色旅游研究视角与内容。

相比对于灾难纪念地分类与属性的探讨，关于旅游者属性和差异的研究相对较少(Stone,2006；Biran et al.，2011)，缺乏对灾难事件、地方密切联系群体，包括灾难事件经历者、见证者、受迫害者的相关研究(Kidron,2013；Biran et al.，2011)。本书以2008年汶川地震经历者北川老县城居民为研究对象，探讨灾难事件、地方关联群体的集体记忆(记忆、情感、观念启示)、地方空间建构、地方认同、地方功能感知、地方行为意愿，并与外地游客进行定量比较，证实了灾难事件、地方关联程度差异是影响灾难纪念地感知与体验的重要原因。

三、研究展望

本书研究了灾难纪念地背景下不同群体的集体记忆与地方建构，揭示了民间视角下，灾难纪念地所唤起/建构的居民、游客集体记忆、地方功能感知、地方感、地方行为意愿的维度与程度，量化分析了居民、游客集体记忆、地方感/地方功能感知、地方行为意愿之间的影响关系，提出了集体记忆对地方建构的影响机制模型。然而本书研究亦有一些不足之处，值得未来深入。

官方视角下灾难纪念地的集体记忆、地方建构研究相对薄弱，未来应从中央政府、地方政府视角，收集更多灾难纪念地在规划设计、保护恢复、展陈过程中的官方素材，与政府官员及规划、设计人员进行访谈，更全面地获得官方角度灾难事件、灾难历史选择背后的逻辑，以及官方集体记忆、地方建构的特征。

民间视角下灾难纪念地的集体记忆、地方感、地方保护意愿，特别是居民的地方感，是动态变化的，受灾难发生时间、灾后恢复、地方重建等诸多社会因素影响。根据心理距离理论，灾难事件发生后人们倾向于压抑关于这些事件的记忆，远离创伤有助于避免产生更多的焦虑和悲痛。不同时期、不同群体对灾难事件的看法与评价会存在分歧。同时，时间与遗忘本身是集体记忆最大的挑战。因此，本书只能反映调研时间点，即地震灾难过去六七年这一节点的状态。不同阶段居民、游客的集体记忆、地方感、地方行为意愿及其相互关系，有待更多案例和数据来探讨。

从人本主义视角，地方感是对特定地方反复作用并赋予其功能、意义而形成的。Milligan(1998)提出了地方感形成的两个层面，其一是个人在特殊地方的经历与记忆，其二是个人对特殊地方未来经历的希望。从这个意义上来说，不管与过去经验的连接，还是与现在和想象未来的连接，都是有意义的(Chamlee-Wright & Storr，2009)。调查发现，居民的地方感侧重于地方认同层面，即居民对于北川老县城作为家乡的地方感受，依托于个人对地方过去经历的记忆；游客地方感侧重于地方满意层面，即游客对于北川老县城作为灾难纪念地，满足个人对于见证灾难事件、受到情感体验、教育启发的功能需求，依托于个人对于地方的参观记忆，以及对地方未来经历的希望。这两者在地方感层次上存在时空、功能不对称。而居民层面，缺少将北川老县城作为灾难纪念地的现在和未来经历的深入研究，也是遗憾与不足。

不管居民还是游客，本书发现影响两者集体记忆、地方感、地方功能感知、地方行为意愿各维度的重要因素都包含灾难事件圈入程度与地方经历。当地居民群体中亦有未经历地震者、居住时间少于 5 年者，游客群体中亦不乏异地经历地震、有大量损失者。因此在区别灾难纪念地感知与体验时，更深入、细致地划分参观者群体显得尤为必要。未来研究可以从个体与灾难事件、地方联系程度考虑，例如灾难事件和地方的一手经历/记忆群体、灾难事件二手记忆和地方一手经历群体，以及灾难事件和地方二手经历/记忆群体，从这三个层次来区分参观者，比较其心理、行为的差异，可能更能揭示不同群体与灾难纪念地的关系。

此外，"集体记忆—地方感—地方行为意愿"这一理论框架与模型，是否仅适用于灾难纪念地、黑色旅游地？是否适用于怀旧背景下的乡村旅游、城市旅游、文化遗产旅游等不同形式的人地关系探讨？期待这一理论框架与模型能运用于更多的旅游地类型，通过不同案例实证研究来不断丰富、完善。

参考文献

一、英文文献

[1] Agnew J A, Duncan J S. The power of place: Bringing together geographical and sociological imaginations[J]. Geographical Journal, 1989(1):525-526.

[2] Alderman D H, Inwood J. Street naming and the politics of belonging: Spatial injustices in the toponymic commemoration of Martin Luther King Jr[J]. Social and Cultural Geography, 2013(2):211-233.

[3] Alice M. Memory, uncertainty and industrial ruination: Walker riverside, Newcastle upon Tyne[J]. International Journal of Urban and Regional Research, 2010(2):398-413.

[4] Alptekin O. A reading attempt of the urban memory of Eskisehir Osmangazi University Meselik Campus via cognitive mapping[J]. Material Science and Engineering, 2017(5): 52-56.

[5] Antonova N, Grunt E, Merenkov A. Monuments in the structure of an urban environment: The source of social memory and the marker of the urban space[J]. Material Science and Engineering, 2017(6): 20-29.

[6] Appleyard D. Styles and methods of structuring a city[J]. Environment and Behavior, 1970(2): 100-107.

[7] Ardakani M K, Oloonabadi S S A. Collective memory as an efficient agent in sustainable urban conservation[J]. Procedia Engineering, 2011: 985-988.

[8] Ashworth G J. The memorialisation of violence and tragedy: Human

trauma as heritage［M］//Graham B，Howard P．The Ashgate
Companion to Heritage and Identity．Aldershot：Ashgate，2008：28-45．

［9］Bagozzi R P，Yi Y．On the evaluation of structural equation models［J］．
Academic of Marketing Science，1988(1)：76-94．

［10］Barbora C，Andrew S，Robert M，et al．Destination images of non-
visitors［J］．Annals of Tourism Research，2014：190-202．

［11］Best M．Norfolk Island：Thanatourism，history and visitor emotions［J］．
Shima：The International Journal of Research into Island Cultures，2007
(2)：30-48．

［12］Bigley J D，Lee C K，Chon J H，et al．Motivations for war-related
tourism：A case of DMZ visitors in Korea［J］．Tourism Geographies，
2010(3)：371-394．

［13］Biran A，Poria Y．Re-conceptualising dark tourism［M］//Sharpley R，
Stonep．The Contemporary Tourism Experience：Concepts and
Consequences．London：Routledge，2012：59-68．

［14］Biran A，Poria Y，Oren G．Sought experiences at (dark) heritage sites
［J］．Annals of Tourism Research，2011(3)：820-841．

［15］Bird D K，Gísladóttir G，Dominey-Howes D．Different communities，
different perspectives：Issues affecting residents' response to a volcanic
eruption in Southern Iceland［J］．Bulletin of Volcanology，2011(9)：
1209-1227．

［16］Blaž K．Social memory and geographical memory of natural disasters［J］．
Acta Geographica Slovenica，2009(1)：199-226．

［17］Blunt A．Collective memory and productive nostalgia：Anglo-Indian
homemaking at McCluskieganj［J］．Environment and Planning D：
Society and Space，2003：717-738．

［18］Braasch B．Major concepts in tourism research-memory［D］．Leeds：
Leeds Metropolitan University，2008．

［19］Braithwaite R，Leiper N．Contests on the River Kwai：How a wartime
tragedy became a recreation，commercial and nationalistic plaything［J］．
Current Issues in Tourism，2010(4)：311-332．

[20] Breakwell G M. The identity of places and place identity[M]//Barbisio
    C G, Lettini L, Maffei D. La Rappresentazione del paesaggio. Torino:
    Tirrenia Stampatori,1999: 51-62.

[21] Brenda Y, Lily K. The notion of place in the construction of history,
    nostalgia, and heritage in Singapore[J]. Singapore Journal of Tropical
    Geography, 1996(1):52-65.

[22]Brown L. Tourism and pilgrimage: Paying homage to literary heroes[J].
    International Journal of Tourism Research, 2016(2):167-175.

[23]Bonaiuto M, Alves S, De Dominicis S, et al. Place attachment and
    natural hazard risk: Research review and agenda [J]. Journal of
    Environmental Psychology, 2016: 33-53.

[24]Bowman M S, Pezzullo P C. What's so "dark" about dark tourism?
    Death, tours and performance[J]. Tourist Studies, 2010(3):187-202.

[25] Carr G. Shining a light on dark tourism: German bunkers in the British
    Channel Islands[J]. Public Archaeology, 2010(2): 64-84.

[26] Carrigan A. Dark tourism and postcolonial studies: Critical intersections
    [J]. Postcolonial Studies, 2014(3):236-250.

[27] Chamlee-Wright E, Storr V H. "There's no place like New Orleans":
    Sense of place and community recovery in the Ninth Ward after
    Hurricane Katrina[J]. Journal of Urban Affairs, 2009(5): 615-634.

[28] Charis L, Thomas K. Sense of place and place identity[J]. Health and
    Place, 2012(5): 1162-1171.

[29]Cheal F, Griffin T, Biran A, et al. Pilgrims and patriots: Australian
    tourist experiences at Gallipoli[J]. International Journal of Culture,
    2013(3):227-241.

[30] Chen C F, Chen F S. Experience quality, perceived value, satisfaction
    and behavioral intentions for heritage tourists [J]. Tourism
    Management, 2010(1):29-35.

[31] Chen C F, Tsai D H. How destination image and evaluative factors
    affect behavioral intentions? [J]. Tourism Management, 2007(4):1115-
    1122.

[32] Clark L B. Coming to terms with trauma tourism[J]. Performance Paradigm, 2009(2):1-31.

[33] Clarke P, McAuley A. The Fromelles Interment 2010: Dominant narrative and reflexive thanatourism[J]. Current Issues in Tourism, 2016(11):1103-1119.

[34] Chronis A. Between place and story: Gettysburg as tourism imaginary[J]. Annals of Tourism Research, 2012(4):1797-1816.

[35] Coats A, Ferguson S. Rubbernecking or rejuvenation: Post earthquake perceptions and the implications for business practice in a dark tourism context[J]. Journal of Research for Consumers, 2013: 32-64.

[36] Connerton P. How Societies Remember[M]. Cambridge: Cambridge University Press, 1989.

[37] Cook M, Riemsdijk M V. Agents of memorialization: Gunter Demnig's Stolpersteine, and the individual (re-)creation of a holocaust landscape in Berlin[J]. Journal of Historical Geography, 2014:138-147.

[38] Cox R S, Perry K M E. Like a fish out of water: Reconsidering disaster recovery and the role of place and social capital in community disaster resilience[J]. American Journal of Community Psychology, 2011(3-4): 395-411.

[39] Dann G. Children of the dark[M]//Ashworth G J, Hartmann R. Horror and Human Tragedy Revisited: The Management of Sites of Atrocities for Tourism. New York: Cognizant, 2005: 121-135.

[40] Daniels S. Place and the geographical imagination[J]. Geography, 1992(4): 310-322.

[41] Davidson D J. The applicability of the concept of resilience to social systems: Some sources of optimism and nagging doubts[J]. Society and Natural Resources, 2010(11): 35-49.

[42] Del Bosque I R, Martín M S. Tourist satisfaction a cognitive-affective model[J]. Annals of Tourism Research, 2008(2): 551-573.

[43] Delyser D. Ramona memories: Fiction, tourist practices, and placing the past in Southern California[J]. Annals of the Association of American

Geographers，2015a(4)：886-908.

[44]Delyser D. Collecting，kitsch and the intimate geographies of social memory：A story of archival autoethnography[J]. Transactions of the Institute of British Geographers，2015b(2)：209-222.

[45] Devellis R F. Scale Development：Theory and Applications [M]. London：Sage，1991.

[46] Digance J. Pilgrimage at contested sites [J]. Annals of Tourism Research，2003(1)：143-159.

[47] Dixon J，Durrheim K. Dislocating identity：Desegregation and the transformation of place[J]. Journal of Environmental Psychology，2004 (4)：455-473.

[48]Dolnicar S. A review of data-driven market segmentation in tourism[J]. Journal of Travel and Tourism Marketing，2004(1)：1-22.

[49] Dominicis S D，Fornara F，Cancellieri U G，et al. We are at risk，and so what? Place attachment，environmental risk perceptions and preventive coping behaviours[J]. Journal of Environmental Psychology，2015：66-78.

[50] Droseltis O，Vignoles V L. Towards an integrative model of place identification：Dimensionality and predictors of intrapersonal-level place preferences[J]. Journal of Environmental Psychology，2010：23-34.

[51]Drozdzewski D，Dominey-Howes D. Research and trauma：Understanding the impact of traumatic content and places on the researcher[J]. Emotion，Space and Society，2015(6)：17-21.

[52]Dunkley R A. Re-peopling tourism：A "hot approach" to studying thanatourist experiences[M]//Ateljevic I，Pritchard A，Morgan N. The Critical Turn in Tourism Studies：Innovative Research Methodologies. Amsterdam：Elsevier，2007：371-385.

[53]Dunkley R，Morgan N，Westwood S. Visiting the trenches：Exploring meanings and motivations in battlefield tourism [J]. Tourism Management，2011(4)：860-868.

[54]Dwyer O J. Interpreting the civil rights movement：Place，memory，and

conflict[J]. Professional Geographer, 2000(4):660-671.

[55] Edward S. Invention memory and place[J]. Cultural Geography, 2000 (3):207-215.

[56]Farmaki A, Birna A. Dark tourism revisited: A supply/demand conceptualisation[J]. International Journal of Culture Tourism and Hospitality Research, 2013(3):281-292.

[57]Fentress J, Wickham C. Social Memory: New Perspectives on the Past [M]. London: Blackwell,1992.

[58] Foley M, Lennon J J. JFK and dark tourism: A fascination with assassination[J]. International Journal of Heritage Studies, 1996(4): 198-211.

[59] Foley M, Lennon J J. Dark tourism: A ethical dilemma[M]//Foley M, Lennon J J, Maxwell G A. Hospitality, Tourism and Leisure Management: Issues in Strategy and Culture. London: Cassell, 1997: 5-19.

[60]Forest B. Security and atonement: Controlling access to the world trade center memorial[J]. Cultural Geographies, 2012(3):405-411.

[61]Forsdick C. Travel, slavery, memory: Thanatourism in the French Atlantic[J]. Postcolonial Studies, 2014(3):251-265.

[62] Fullilove M T. Psychiatric implications of displacement: Contributions from the psychology of place[J]. The American Journal of Psychiatry, 1996(12): 15-16.

[63]Golledge R G. Learning about urban environment[M]//Carlstein T, Parkes D, Thrift N. Making Sense of Time. New York: Halsted, 1978: 76-98.

[64] Goss J. The built environment and social theory: Towards an architectural geography[J]. Professional Geographer, 1988(4):392-403.

[65]Graham B, Howard P. Introduction: Heritage and Identity [M]// Graham B, Howard P. The Ashgate Research Companion to Heritage and Identity. Hampshire: Ashgate, 2008: 2-5.

[66] Halbwachs M. On Collective Memory[M]. Chicago: University of

Chicago Press, 1992.

[67] Hamzah M. Scale politics, vernacular memory and the preservation of the Green Ridge battlefield in Kampar, Malaysia[J]. Social and Cultural Geography, 2013(4):389-409.

[68] Haywantee R, Liam D G S, Betty W. Relationships between place attachment, place satisfaction and pro-environmental behaviour in an Australian national park[J]. Journal of Sustainable Tourism, 2013(3): 434-457.

[69]Heuermann K, Chhabra D. The darker side of dark tourism: An authenticity perspective[J]. Tourism Analysis, 2014(2): 213-225.

[70]Hillier B, Penn A, Hanson J, et al. Natural movement: Configuration and at traction in urban pedestrian movement[J]. Environment and Planning, 1993(1):29-66.

[71] Hoelscher S, Alderman D H. Memory and place: Geographies of a critical relationship [J]. Social and Cultural Geography, 2004 (3): 347-355.

[72]Hoskins G. A place to remember: Scaling the walls of Angel Island immigration station[J]. Journal of Historical Geography, 2004(4): 685-700.

[73] Hummon D M, Cuba L. A place to call home: Identification with dwelling, community and region[J]. Sociological Quarterly,1993(1): 111-131.

[74] Hutchison E, Bleiker R. Emotional reconciliation: Reconstituting identity and community after trauma[J]. European Journal of Social Theory, 2008(3): 385-403.

[75] Hutton P H. History as an Art of Memory[M]. Hanover: University Press of New England, 1993.

[76]Hyde K F, Harman S. Motives for a secular pilgrimage to the Gallipoli battlefields[J]. Tourism Management, 2011(6):1343-1351.

[77]Inwood J. Contested memory in the birthplace of a king: A case study of Auburn Avenue and the Martin Luther King Jr. National Park[J].

Cultural Geographies, 2009(1):87-109.

[78]Jenkings K N, Megoran N, Woodward R, et al. Wootton Bassett and the political spaces of remembrance and mourning[J]. Area, 2012(3): 356-363.

[79]Johnston T, Biran A, Hyde K F. Mark Twain and the innocents abroad: Illuminating the tourist gaze on death [J]. International Journal of Culture Tourism and Hospitality Research, 2013(3):199-213.

[80]Johnston T. The geographies of thanatourism[J]. Geography, 2015(1): 20-27.

[81]Jordan J. Structures of memory: Understanding urban change in Berlin and beyond[J]. Klner Ztschrift Fr Soziologie and Sozialpsychologie, 2010(3):101-117.

[82]Jorgensen B S, Stedman R C. Sense of place as an attitude: Lakeshore owners attitudes toward their properties[J]. Journal of Environmental Psychology, 2001(3):233-248.

[83]Joseph F H, Anderson J, Rolph E, et al. Multivariate Data Analysis [M]. New Jersey: Prentice Hall, 1998.

[84] Kaiser H F. An index of factorial simplicity[J]. Psychometrika, 1974 (1):31-36.

[85] Kalinowska M. Monuments of memory: Defensive mechanisms of the collective psyche and their manifestation in the memorialization process [J]. Journal of Analytical Psychology, 2012(4): 425-444.

[86] Kaltenborn B P. Effects of sense of place on responses to environmental impacts: A study among residents in Svalbard in the Norwegian High Arctic[J]. Applied Geography, 1998(2): 169-189.

[87]Kamber M, Karafotias T, Tsitoura T. Dark heritage tourism and the Sarajevo Siege[J]. Journal of Tourism and Cultural Change, 2016(3): 155-269.

[88]Kang E J, Scott N, Lee T J, et al. Benefits of visiting a "dark tourism" site: The case of the Jeju April 3rd Peace Park, Korea [J]. Tourism Management, 2012(2): 257-265.

[89] Kick E L, Fraser J C, Fulkerson G M, et al. Repetitive flood victims and acceptance of FEMA mitigation offers: An analysis with community-system policy implications [J]. Disasters, 2011(3):510-539.

[90]Kidron C A. Being there together: Dark family tourism and the emotive experience of co-presence in the holocaust past [J]. Annals of Tourism Research, 2013: 175-194.

[91]Knox D. The sacralised landscapes of Glencoe: From massacre to mass tourism, and back again[J]. International Journal of Tourism Research, 2006(3):185-211.

[92]Korpela K M. Place-identity as a product of environmental self-regulation[J]. Journal of Environmental Psychology,1989:241-256.

[93] Lalli M. Urban related identity: Theory, measurement and empirical findings[J]. Journal of Environmental Psychology, 1992:285-303.

[94] Lau R W. Tourist sights as semiotic signs: A critical commentary[J]. Annals of Tourism Research, 2011(2): 711-714.

[95] Le D T T, Pearce D G. Segmenting visitors to battlefield sites: International visitors to theformer demilitarized zone in Vietnam[J]. Journal of Travel and Tourism Marketing,2011(4): 451-463.

[96] Lee C, Bendle L J, Yooshik Y, et al. Thanatourism or peace tourism: Perceived value at a North Korean resort from an indigenous perspective [J]. International Journal of Tourism Research, 2012(1): 71-90.

[97] Lee Y J. The relationships amongst emotional experience, cognition, and behavioural intention in battlefield tourism[J]. Asia Pacific Journal of Tourism Research, 2016(6):697-715.

[98]Lennon J J, Foley M. Interpretation of the unimaginable: The U. S. Holocaust Memorial Museum, Washington D. C. and "dark tourism" [J]. Journal of Travel Research, 1999(1): 46-50.

[99]Lennon J. Tragedy and heritage in peril: The case of Cambodia[J]. Tourism Recreation Research, 2009(1): 35-44.

[100] Lewicka M. Place attachment, place identity, and place memory: Restoring the forgotten city past [J]. Journal of Environmental

Psychology，2008(3):209-231.

[101]Lewis C. Deconstructing grief tourism[J]. The International Journal of the Humanities，2008(6):165-169.

[102] Light D. Progress in dark tourism and thanatourism research: An uneasy relationship with heritage tourism[J]. Tourism Management，2017:275-301.

[103]Lisle D. Gazing at Ground Zero: Tourism, voyeurism and spectacle[J]. Journal for Cultural Research，2004(1):3-21.

[104] López-Mosquera N, Sánchez M. Direct and indirect effects of received benefits and place attachment in willingness to pay and loyalty in suburban natural areas[J]. Journal of Environmental Psychology, 2013 (4):27-35.

[105]Lynch K. The Image of the City[M]. Cambridge: MIT Press, 1960.

[106] MacCannell D. Empty Meeting Grounds [M]. London: Routledge, 1992.

[107] MacCannell D. The Tourist: A New Theory of the Leisure Class [M]. Berkeley: University of California Press, 1999.

[108] Maestro R M H, Gallego P A M, Requejo L S. The moderating role of familiarity in rural tourism in Spain[J]. Tourism Management, 2007 (4): 951-964.

[109]Mansfeld Y, Korman T. Between war and peace: Conflict heritage tourism along three Israeli border areas[J]. Tourism Geographies, 2015(3): 437-460.

[110]Manzo L C. For better or worse: Exploring multiple dimensions of place meaning[J]. Journal of Environmental Psychology, 2005(1): 67-86.

[111]Marschall S. Commemorating the "Trojan Horse" massacre in Cape Town: The tension between vernacular and official expressions of memory[J]. Visual Studies, 2010(2):135-148.

[112] Marschall S. "Homesick tourism": Memory, identity and (be) longing [J]. Current Issues in Tourism, 2015a(9):876-892.

［113］ Marschall S. "Personal memory tourism" and a wider exploration of the tourism-memory nexus［J］. Journal of Tourism and Cultural Change，2012a(4)：321-335.

［114］ Marschall S. Touring memories of the erased city：Memory，tourism and notions of "home"[J]. Tourism Geographies，2015b(3)：1-18.

［115］ Marschall S. Tourism and memory[J]. Annals of Tourism Research，2012b(4)：2216-2219.

［116］ Martin N P，Storr V H. Bay Street as contested space[J]. Space and Culture，2012(4)：283-297.

［117］ McEwen L，Garde-Hansen J，Holmes A，et al. Sustainable flood memories，lay knowledges and the development of community resilience to future flood risk［J］. Transactions of the Institute of British Geographers，2017(1)：14-28.

［118］Meier L. Encounters with haunted industrial workplaces and emotions of loss：Class-related senses of place within the memories of metalworkers[J]. Cultural Geographies，2013(4)：467-483.

［119］ Michael G K. Trauma，time，illness，and culture：An anthropological approach to traumatic memory［M］//Antze P，Lambek M. Tense Past：Cultural Essays in Trauma and Memory［M］. London：Psychology Press，1996：151-172.

［120］Miles S. Battlefield sites as dark tourism attractions：An analysis of experience[J]. Journal of Heritage Tourism，2014(2)：134-147.

［121］ Milligan M J. Interactional past and potential：The social construction of place attachment[J]. Symbolic Interaction，1998(1)：1-33.

［122］Morrice S. Heartache and Hurricane Katrina：Recognising the influence of emotion in post-disaster return decisions[J]. Area，2013(1)：33-39.

［123］Mowatt R A，Chancellor C H. Visiting death and life：Dark tourism and slave castles［J］. Annals of Tourism Research，2011 (4)：1410-1434.

［124］ Muzaini H. On the matter of forgetting and "memory returns"[J]. Transactions of the Institute of British Geographers，2015 (1)：

102-112.

[125]Muzaini H，Teo P，Yeoh B S A. Intimations of postmodernity in dark tourism：The fate of history at Fort Siloso，Singapore[J]. Journal of Tourism and Cultural Change，2007(1)：28-45.

[126] Muzaini H，Yeoh B S A. War landscapes as "battlefields" of collective memories：Reading the reflections at Bukit Chandu，Singapore[J]. Cultural Geographies，2005(3)：345-365.

[127] Nagel C. Reconstructing space，recreating memory：Sectarian politics and urban development in post-war Beirut[J]. Political Geography，2002(2)：715-725.

[128] Naidoo Y. Sophiatown reimagined：Residents' reconstructions of place and memory[J]. African Studies，2015(1)：98-122.

[129]Nawijn J，Fricke M C. Visitor emotions and behavioral intentions：The case of Concentration Camp Memorial Neuengamme[J]. International Journal of Tourism Research，2013(3)：221-228.

[130] Nawijn J，Isaac R K，Liempt A V，et al. Emotion clusters for concentration camp memorials[J]. Annals of Tourism Research，2016：244-247.

[131] Nora P. Between Memory and History[M]. California：University of California Press，1989.

[132] Osborne B S. Landscapes，memory，monuments，and commemoration：Putting identity in its place[J]. Canadian Ethnic Studies，2001(3)：39-77.

[133] Packer J，Ballantyne R. Conceptualizing the visitor experience：A review of literature and development of a multifaceted model[J]. Visitor Studies，2016(2)：128-143.

[134] Parsizadeh F，Ibrion M，Mokhtari M，et al. Bam 2003 earthquake disaster：On the earthquake risk perception，resilience and earthquake culture—Cultural beliefs and cultural landscape of Qanats，gardens of Khorma trees and Argh-e Bam[J]. International Journal of Disaster Risk Reduction，2015(4)：457-469.

[135] Penn A. Space syntax and spatial cognition：Why the axial line[J].

Environment and Behavior, 2003(2): 30-65.

[136]Pezzullo P C. "This is the only tour that sells": Tourism, disaster and national identity in New Orleans[J]. Journal of Tourism and Cultural Change, 2009(2): 99-114.

[137] Pirta R S, Chandel N, Pirta C. Loss of home at early age: Retrieval of memories among the displacees of Bhakra Dam after fifty years[J]. Journal of the Indian Academy of Applied Psychology, 2014 (1): 78-80.

[138]Podoshen J S, Venkatesh V, Wallin J, et al. Dystopian dark tourism: An exploratory examination [J]. Tourism Management, 2015: 316-328.

[139]Powell R, Iankova K. Dark London: Dimensions and characteristics of dark tourism supply in the UK capital[J]. Anatolia, 2016(3):339-351.

[140]Preece T, Price G G. Motivations of participants in dark tourism: A case study of Port Arthur, Tasmania[M]Ryan C, Page S, Aitken M. Taking Tourism to the Limits: Issues, Concepts and Managerial Perspectives. Oxford: Elsevier, 2005: 191-198.

[141] Pred A. Place as historically contingent process: Structuration and the time-geography of becoming places[J]. Annals of the Association of American Geographers, 1984(2): 279-297.

[142] Proshansky H M. The city and self-identity[J]. Environment and Behavior, 1978(2): 147-169.

[143]Proshansky H M, Fabian A K, Kaminoff R. Place-identity: Physical world socialization of the self [J]. Journal of Environmental Psychology, 1983(1):57-83.

[144] Qian L, Zhang J, Zhang H, et al. Hit close to home: The moderating effects of past experiences on tourists' on-site experiences and behavioral intention in post-earthquake site[J]. Asia Pacific Journal of Tourism Research, 2017(9):936-950.

[145] Ramkissoon H, Smith L D G, Weiler B. Testing the dimensionality of place attachment and its relationships with place satisfaction and pro-

environmental behaviours: A structural equation modelling approach [J]. Tourism Management, 2013(36):552-566.

[146] Recuber T. The prosumption of commemoration: Disasters, digital memory banks, and online collective memory [J]. The American Behavioral Scientist, 2012(4): 531-540.

[147]Relph E. Place and Placelessness[M]. London: Pion Limited, 1976.

[148]Richards G, Wilson J. The impact of cultural events on city image: Rotterdam, cultural capital of Europe 2001[J]. Urban Studies, 2004 (10): 1931-1951.

[149]Rittichainuwat B N. Responding to disaster: Thai and Scandinavian tourists' motivation to visit Phuket, Thailand[J]. Journal of Travel Research, 2008(4):422-432.

[150]Rivera L A. Managing "spoiled" national identity: War, tourism, and memory in Croatia [J]. American Sociological Review, 2008 (4): 613-634.

[151] Robbie D. Touring Katrina: Authentic identities and disaster tourism in New Orleans[J]. Journal of Heritage Tourism, 2008(4): 257-266.

[152] Rojas C D, Camarero C. Visitors' experience, mood and satisfaction in a heritage context: Evidence from an interpretation center[J]. Tourism Management, 2008(3):525-537.

[153] Rossi A, Ghirardo D, Ockman J, et al. The Architecture of the City [M]. Gambridge: The MIT Press, 1982.

[154] Rowe S M, Wertsch J V, Kosyaeva T Y. Linking little narratives to big ones: Narrative and public memory in history museums[J]. Culture and Psychology, 2002(1): 96-112.

[155] Ruijgrok E C M. The three economic values of cultural heritage: A case study in the Netherlands[J]. Journal of Cultural Heritage, 2006 (3):206-213.

[156]Ryan C, Hsu S Y. Why do visitors go to museums? The case of 921 Earthquake Museum, Wufong, Taichung[J]. Asia Pacific Journal of Tourism Research, 2011(2):209-228.

[157]Ryan C, Kohli R. The buried village, New Zealand: An example of dark tourism? [J]. Asia Pacific Journal of Tourism Research, 2006 (3): 211-226.

[158] Sabine M. Personal memory tourism and a wider exploration of the tourism-memory nexus[J]. Journal of Tourism and Cultural Change, 2012(4):321-335.

[159] Sather-Wagstaff J. Heritage that Hurts: Tourists in the Memoryscapes of September 11[M]. Walnut Creek: Left Coast Press, 2011.

[160] Schafer S. From Geisha girls to the Atomic Bomb Dome: Dark tourism and the formation of Hiroshima memory[J]. Tourist Studies, 2015 (4): 351-366.

[161] Schreyer R, Lime D W, Willams D R. Characterizing the influence of past experience on recreation behavior [J]. Journal of Leisure Research, 1984(1):34-50.

[162] Seaton A V. War and thanatourism: Waterloo 1815-1914[J]. Annals of Tourism Research, 1999(1):130-158.

[163] Seaton A V. Another weekend away looking for dead bodies: Battlefield tourism on the some and in Flanders [J]. Tourism Recreation Research, 2000(3):63-77.

[164] Seaton A V. Thanatourism and its discontents: An appraisal of a decade's work with some future issues and directions[M]//Jamal T, Robinson M. The Sage Handbook of Tourism Studies. London: Sage, 2009: 521-542.

[165]Sharpley R. Dark tourism and political ideology: Towards a governance model[M]//Sharpley R, Stone P R. The Darker Side of Travel: The Theory and Practice of Dark Tourism. Bristol: Channel View, 2009: 145-163.

[166]Silver A, Grek-Martin J. Now we understand what community really means: Reconceptualizing the role of sense of place in the disaster recovery process [J]. Journal of Environmental Psychology, 2015:

32-41.

[167] Simpson E, Corbridge S. The Geography of things that may become memories: The 2001 Earthquake in Kachchh Gujarat and the politics of rehabilitation in the prememorial era[J]. Annals of the Association of American Geographers, 2006(3): 566-585.

[168] Sletto B I. Cartographies of remembrance and becoming in the Sierra de Perijá, Venezuela [J]. Transactions of the Institute of British Geographers, 2014(3):360-372.

[169] Smith L. Uses of Heritage[M]. London: Routledge, 2006.

[170] Stella, Giannakopoulou, Dimitris, et al. Protection of architectural heritage: Attitudes of local residents and visitors in Sirako, Greece[J]. Journal of Mountain Science, 2016(3):424-439.

[171] Strange C, Kempa M. Shades of dark tourism: Alcatraz and Robben Island[J]. Annals of Tourism Research, 2003(2):386-405.

[172] Stone P. A dark tourism spectrum: Towards a typology of death and macabre related tourist sites, attractions and exhibitions[J]. Tourism, 2006(2):145-160.

[173] Stone P. Dark tourism and significant other death: Towards a model of mortality mediation [J]. Annals of Tourism Research, 2012 (3): 1565-1587.

[174] Stone P. Dark tourism scholarship: A critical review[J]. International Journal of Culture, Tourism and Hospitality Research, 2013 (3): 307-318.

[175] Stone P. Enlightening the "dark" in dark tourism[J]. Interpretation Journal, 2016(2): 22-24.

[176] Stone P, Sharpley R. Consuming dark tourism: A thanatological perspective[J]. Annals of Tourism Research, 2008(2):574-595.

[177] Sturken M. Tourists of History: Memory, Kitsch, and Consumerism from Oklahoma City to Ground Zero[M]. Durham: Duke University Press, 2007.

[178] Swim J K, Zawadzki S J, Cundiff J L, et al. Environmental identity

and community support for the preservation of open space[J]. Human Ecology Review, 2014(2):133-156.

[179] Tanaka N, Ikaptra, Kusano S, et al. Disaster tourism as a tool for disaster story telling[J]. Journal of Disaster Research, 2021 (2): 157-162.

[180] Tang Y. Dark touristic perception: Motivation, experience and benefits interpreted from the visit to seismic memorial sites in Sichuan Province[J]. Journal of Mountain Science, 2014(5): 1326-1341.

[181] Tarlow P E. Dark tourism: The appealing 'dark' side of tourism and more[M]//Novelli M. Niche Tourism: Contemporary Issues, Trends and Cases. Amsterdam: Elsevier, 2005: 47-58.

[182] Thompson B. Ten commandments of structural equation modeling [M]//Grimm L G, Yarnold P R. Reading and Understanding More Multivariate Statistics. Washington D. C. : American Psychological Association, 2000: 261-283.

[183] Thurnell-Read T. Engaging Auschwitz: An analysis of young travellers' experiences of holocaust tourism[J]. Journal of Tourism Consumption and Practice, 2009(1): 26-52.

[184] Till K E. Place and the politics of memory: A Geo-ethnography of museums and memorials in Berlin[D]. Madism: The University of Wisconsin-Madison, 1996.

[185] Till K E. Wounded cities: Memory-work and a place-based ethic of care[J]. Political Geography, 2012(1):3-14.

[186] Tim E. The ghosts of industrial ruins: Ordering and disordering memory in excessive space[J]. Environment and Planning D: Society and Space, 2005(6):829-849.

[187] Tinson J S, Saren M A J, Roth B E. Exploring the role of dark tourism in the creation of national identity of young Americans[J]. Journal of Marketing Management, 2015(7-8): 856-880.

[188] Tosun C. Expected nature of community participation in tourism development[J]. Tourism Management, 2004(3):493-504.

[189] TuanY F. Space and Place：The Perspective of Experience[M]. Minneapolis：University of Minnesota Press，1977.

[190] Tuan Y F. Landscapes of Fear[M]. London：Pantheon，1979.

[191] Tucker H，Shelton E J，Bae H. Post-disaster tourism：Towards a tourism of transition[J]. Tourist Studies，2017(3)：306-327.

[192] Tunbridge J E，Ashworth G J. Dissonant Heritage：The Management of the Past as a Resource in Conflict[M]. Chichester：Wiley，1996.

[193] UNISDR. Terminology in Disaster Risk Reduction[Z]. Geneva：United Nations International Strategy for Disaster Reduction，2009.

[194] Walsh C S. Crossroads of Identity and Memory：Mapping the Cultural Landscape of Taylor's Bridge [M]. Newark：University of Delaware，2007.

[195] Walter E V. Placeways：A Theory of the Human Environment[M]. Chapel Hill：University of North Carolina Press，1988.

[196] Werdler K. Dark tourism and place identity：Managing and interpreting dark places[J]. Tourism Analysis，2014(4)：122-123.

[197] Whittle R，Walker M，Medd W，et al. Flood of emotions：Emotional work and long-term disaster recovery[J]. Emotion Space & Society，2012(1)：60-69.

[198] Wight A C，Lennon J J. Selective interpretation and eclectic human heritage in Lithuania[J]. Tourism Management，2007(2)：519-529.

[199] Williams D R，Roggenbuck J W. Measuring place attachment：Some preliminary results[M]//McAvoy L H，Howard D. Abstracts of the 1989 Leisure Research Symposium. Arlington：National Recreation and Park Association,1989：32-48.

[200] Williams D R，Patterson M E. Environmental meaning and ecosystem management：Perspectives from environmental psychology and human geography[J]. Society and Natural Resources,1996(5)：507-521.

[201] Wilson G A. Community resilience，social memory and the post-2010 Christchurch （New Zealand）earthquakes [J]. Area，2013（2）：207-215.

[202] Winter C. Battlefield visitor motivations: Explorations in the Great War town of Ieper, Belgium[J]. International Journal of Tourism Research, 2011(2):164-176.

[203] Winter C. The shrine of remembrance Melbourne: A short study of visitors' experiences[J]. International Journal of Tourism Research, 2009a(6): 553-565.

[204] Winter C. Tourism, social memory and the Great War[J]. Annals of Tourism Research, 2009b(4):607-626.

[205] Winter J. Sites of memory, sites of mourning: The Great War in European cultural history[M]. Cambridge: Cambridge University Press, 1995.

[206] Withers C W. Landscape, memory, history: Gloomy memories and the 19th century Scottish Highlands [J]. Scottish Geographical Journal, 2005(1):29-44.

[207] Wright P D. Rethinking NIMBYism: The role of place attachment and place identity in explaining place-protective action [J]. Journal of Community and Applied Social Psychology, 2009(6):426-441.

[208] Wright P D, Sharpley R. Local community perceptions of disaster tourism: The case of L'Aquila, Italy[J]. Current Issues in Tourism, 2018(14):1569-1585.

[209] Yan B J, Zhang J, Zhang H L, et al. Investigating the motivation experience relationship in a dark tourism space: A case study of the Beichuan earthquake relics, China[J]. Tourism Management, 2016: 108-121.

[210] Yankholmes A, McKercher B. Understanding visitors to slavery heritage in Ghana[J]. Tourism Management, 2015(12): 22-32.

[211] Yankovska G, Hannam K. Dark and toxic tourism in the Chernobyl exclusion zone[J]. Current Issues in Tourism, 2014(10):929-939.

[212] Yeoh B, Kong L. The notion of place in the construction of history, nostalgia and heritage in Singapore [J]. Singapore Journal of Tropical Geography, 1997(1):52-65.

［213］Žabkar V，Brenčič M M，Dmitrović T. Modelling perceived quality，visitor satisfaction and behavioural intentions at the destination level ［J］. Tourism Management，2010(4):537-546.

［214］Zhang H，Yang Y，Zheng C，et al. Too dark to revisit? The role of past experiences and intrapersonal constraints ［J］. Tourism Management，2016:452-464.

［215］Zhang Y，Zhang H L，Zhang J，et al. Predicting residents' pro-environmental behaviors at tourist sites：The role of awareness of disaster's consequences，values，and place attachment［J］. Journal of Environmental Psychology，2014:131-146.

［216］Zheng C，Zhang J，Qian L，et al. The inner struggle of visiting "dark tourism" sites：Examining the relationship between perceived constraints and motivations［J］. Current Issues in Tourism，2018(15):1710-1727.

二、中文文献

［1］艾娟. 知青集体记忆研究［D］. 天津：南开大学，2010.

［2］北川统计局. 北川年鉴 2011［EB/OL］. http://beichuan. my. gov. cn/.

［3］陈星，张捷，卢韶婧，等. 自然灾害遗址型黑色旅游地参观者动机研究——以汶川地震北川遗址公园为例［J］. 地理科学进展，2014(7)：979-989.

［4］程思佳. 我国首都地区国家纪念地的设立及其价值探讨［D］. 北京：清华大学，2017.

［5］方叶林，黄震方，涂玮，等. 战争纪念馆游客旅游动机对体验的影响研究［J］. 旅游科学，2013(5)：64-75.

［6］冯维波，黄光宇. 基于重庆主城区居民感知的城市意象元素分析评价［J］. 地理研究，2006(5):803-811.

［7］黄维，梁璐，李凡. 文本、冲突与展演视角下的西方记忆地理研究评述［J］. 人文地理，2016(4):17-25.

［8］黄向，吴亚云. 地方记忆：空间感知基点影响地方依恋的关键因素［J］. 人文地理，2013(6):43-48.

［9］孔翔,卓方勇.文化景观对建构地方集体记忆的影响——以徽州呈坎古村为例［J］.地理科学,2017(1):110-117.

［10］康纳顿.社会如何记忆［M］.纳日碧力戈,译.上海:上海人民出版社,2000.

［11］李凡,朱竑,黄维.从地理学视角看城市历史文化景观集体记忆的研究［J］.人文地理,2010(4):60-66.

［12］李开然.景观纪念性导论［M］.北京:中国建筑工业出版社,2005.

［13］李王鸣,江佳遥,沈婷婷.城市记忆的测度与传承——以杭州小营巷为例［J］.城市问题,2010(1):21-26.

［14］李向平,魏扬波.口述史研究方法［M］.上海:上海人民出版社,2010.

［15］李晓凤,佘双好.质性研究方法［M］.武汉:武汉大学出版社,2006.

［16］李雪铭,李建宏.大连城市空间意象分析［J］.地理学报,2006(8):809-817.

［17］李彦辉,朱竑.地方传奇、集体记忆与国家认同——以黄埔军校旧址及其参观者为中心的研究［J］.人文地理,2013(6):17-21.

［18］林琳,曾永辉.城市化背景下乡村集体记忆空间的演变——以番禺旧水坑村为例［J］.城市问题,2017(7):95-103.

［19］刘滨谊,等.纪念性景观与旅游规划设计［M］.南京:东南大学出版社,2004.

［20］柳尚华.美国的国家公园系统及其管理［J］.中国园林,1999(1):48-49.

［21］鲁学军,周成虎,龚建华.论地理空间形象思维——空间意象的发展［J］.地理学报,1999(5):401-407.

［22］牛景龙.城市重大灾难型纪念空间周边环境圈层规划［D］.广州:华南理工大学,2016.

［23］彭兆荣.5·12汶川:灾难中的人文关怀——灾难与人类［J］.广西民族大学学报(哲学社会科学版),2008(4):11-15.

［24］齐康.纪念的凝思［M］.北京:中国建筑工业出版社,1996.

［25］钱莉莉,张捷,郑春晖,等.地理学视角下的集体记忆研究综述［J］.人文地理,2015(6):7-12.

［26］荣泰生.AMOS与研究方法［M］.重庆:重庆大学出版社,2009.

［27］沈苏彦,赵锦,张晓彤.黑色旅游动机、体验与收获相互关系的实证研究［J］.中南林业科技大学学报(社会科学版),2014(5):20-24.

［28］盛婷婷,杨钊.国外地方感研究进展与启示［J］.人文地理,2015(4):11-17.

[29]史培军,张欢.中国应对巨灾的机制——汶川地震的经验[J].清华大学学报(哲学社会科学版),2013(3):96-113.

[30]侍非,毛梦如,唐文跃,等.仪式活动视角下的集体记忆和象征空间的建构过程及其机制研究——以南京大学校庆典礼为例[J].人文地理,2015(1):56-63.

[31]唐弘久,张捷.旅游地居民对于"5·12"大地震集体记忆的信息建构特征——以九寨沟旅游地区为例[J].长江流域资源与环境,2013(5):669-677.

[32]唐雪元.国殇——"5·12"地震周年祭[J].晚霞,2009(11):9.

[33]特鲁克,曲云英.对场所的记忆和记忆的场所:集体记忆的哈布瓦赫式社会-民族志学研究[J].国际社会科学杂志,2012(4):33-46.

[34]汪芳,严琳,熊忻恺,等.基于游客认知的历史地段城市记忆研究——以北京南锣鼓巷历史地段为例[J].地理学报,2012(4):545-556.

[35]王金伟,张赛茵.灾害纪念地的黑色旅游者:动机、类型化及其差异——以北川地震遗址区为例[J].地理研究,2016(8):1576-1588.

[36]王晓华.旅游者伦理悖论研究[D].西安:陕西师范大学,2012.

[37]王玉石.纪念性景观设计要素的研究[D].哈尔滨:东北林业大学,2007.

[38]吴明隆.结构方程模型:AMOS的操作与应用[M].重庆:重庆大学出版社,2010.

[39]谢彦君,孙佼佼,卫银栋.论黑色旅游的愉悦性:一种体验视角下的死亡观照[J].旅游学刊,2015(3):86-94.

[40]徐克帅.红色旅游和社会记忆[J].旅游学刊,2016(3):35-42.

[41]颜丙金,张捷,李莉,等.自然灾害型景观游客体验的感知差异分析[J].资源科学,2016(8):1465-1475.

[42]杨孟昀.5·12汶川特大地震纪念馆运行管理实践与创新[J].城市与减灾,2017(3):35-39.

[43]余慧.汶川地震灾区历史文化名城灾后价值分析与保护研究[D].成都:西南交通大学,2012.

[44]赵渺希,钟烨,王世福,等.不同利益群体街道空间意象的感知差异——以广州恩宁路为例[J].人文地理,2014(1):72-79.

[45]郑春晖,张捷,钱莉莉,等.黑色旅游者行为意向差异研究——以侵华日军

　　南京大屠杀遇难同胞纪念馆为例[J].资源科学,20169):1663-1671.

[46]周晓冬,任娟.基于城市记忆系统的天津五大道地区城市记忆要素分析[J].城市建筑，2009(6):97-99.

[47]周玮,黄震方.城市街巷空间居民的集体记忆研究——以南京夫子庙街区为例[J].人文地理,2016(1):42-49.

[48]周永博,沙润,杨燕,等.旅游景观意象评价——周庄与乌镇的比较研究[J].地理研究，2011(2):359-371.

[49]朱竑,刘博.地方感、地方依恋与地方认同等概念的辨析及研究启示[J].华南师范大学学报(自然科学版)，2011(1):1-8.

[50]朱竑,钱俊希,封丹.空间象征性意义的研究进展与启示[J].地理科学进展,2010(6)：643-648.

[51]朱蓉.城市记忆与城市形态——从心理学、社会学视角探讨城市历史文化的延续[D].南京:东南大学,2005.

[52]庄春萍,张建新.地方认同:环境心理学视角下的分析[J].心理科学进展,2011(9):1387-1396.

附 录

北川老县城地震遗址居民开放式
调查问卷与访谈提纲

您好！为了北川老县城地震遗址的可持续发展,真诚希望您配合我们的调研工作！大约需要花费您 5 分钟的时间,谢谢！

一、北川老县城地震遗址,您印象最深刻的地方是什么？（对这些地方的记忆是什么？情绪如何？如恐惧、悲伤、惋惜、震惊、平静、亲切、怀念、感动、感激、骄傲等）

序号	地点	记忆	感受
1			
2			
3			
4			
5			

二、地震后您回过北川老县城哪些地方？回去的目的是什么？（如悼念故人、怀念故土、参观遗址等）

序号	地点	回去目的	回去次数
A			
B			
C			
D			
E			

三、请根据您的实际情况,打"√"选择,或者填写

1.您的性别:①男 ②女;您的年龄:_____岁

2.您的文化程度:

①小学及以下 ②初中 ③高中(中专) ④大专/本科及以上

3.您曾在北川老县城(曲山镇)生活多长时间:

①5年及以下 ②5～10年 ③10～20年 ④20～30年 ⑤30年以上

4.在"5·12"地震中您是否有亲人、朋友伤亡?

①有 ②没有

5.在"5·12"地震中您是否有身体创伤?

①有 ②没有

6.在"5·12"地震中您是否有财产损失:

①没有 ②极少 ③一般 ④较多 ⑤严重

四、请在图上标注您记忆深刻的地方,以及震后回去的地方

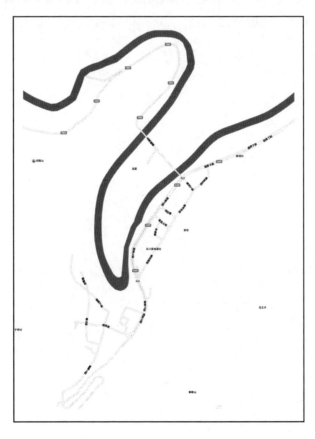

五、访谈提纲

1.请您简单描述一下地震前在北川老县城的情况（居住、生活和工作、亲朋等）。

2.地震对您造成了什么影响（经济、住房、身体，以及是否有家人朋友受伤）？

3.地震之后您的生活状况、心态观念有什么样的变化？（现在生活、工作情况；地震是否对您造成心理影响？长期在阴影中出不来？或者事情都能看得开，心态更加乐观积极？）

4.您是否经常回忆起北川老县城？频率如何？您回忆起北川老县城，最多的地方是哪些？为什么？情绪怎么样？（除了悲伤的外，是否还记得一些开心的地方、人和事情？）

5.您是否常回北川老县城遗址看看？经常回的地方有哪一些？为什么？

6.地震之后您对北川老县城遗址有什么看法？总体感觉如何？

7.老县城与新县城相比如何？（如有机会回北川老县城居住，您会搬回去吗？）

北川老县城地震遗址游客开放式调查问卷

您好！为了北川老县城地震遗址的可持续发展，真诚希望您配合我们的调研工作！大约需要花费您5分钟的时间，谢谢！

一、本次参观过程中您印象最深刻的地方？（请您用简短的文字描述您的感受及其原因）

地方：_____

_____

感受：_____

_____

原因：_____

_____

二、请根据您的实际情况，打"√"选择，或者填写

1. 您的性别：

①男　②女

2. 您的年龄_____岁

3. 您来自_____省（区、市）_____市，这是您第_____次来北川旅游。

4. 您的文化程度：

①小学及以下　②初中　③高中和中专　④大专/本科　⑤研究生

5. 您是否亲身经历"5·12"大地震？

①是　②否

居民结构化调查问卷

一、北川老县城让您回忆起哪些?(1＝完全不记得;2＝不记得;3＝不清楚;4＝记得;5＝记忆深刻)

熟悉的地方,如居住、工作地等	1	2	3	4	5	地震遇难和受伤的同胞	1	2	3	4	5
熟悉的亲人和朋友	1	2	3	4	5	抢险救灾救死扶伤	1	2	3	4	5
北川老县城难忘的事情	1	2	3	4	5	来自全国各地帮助支持	1	2	3	4	5
地震地动山摇的情景	1	2	3	4	5	遗址保护和家园建设	1	2	3	4	5
地震建筑坍塌的惨状	1	2	3	4	5	地震造成重大经济损失	1	2	3	4	5

二、您对北川老县城的感受有哪些?(1＝完全不同意;2＝不同意;3＝不清楚;4＝同意;5＝非常同意)

北川老县城让我感到恐惧	1	2	3	4	5	地震给我留下身心创伤	1	2	3	4	5
北川老县城让我感到悲伤	1	2	3	4	5	感到"自然面前,人类渺小"	1	2	3	4	5
北川老县城让我感到惋惜	1	2	3	4	5	感到"生命无常,珍爱生命"	1	2	3	4	5
地震给我带来心理阴影	1	2	3	4	5	感到"灾难无情,人间有情"	1	2	3	4	5

三、您对北川老县城的总体评价?(1＝完全不同意;2＝不同意;3＝不清楚;4＝同意;5＝非常同意)

再现了地震灾害	1	2	3	4	5	是休闲旅游的地方	1	2	3	4	5
展示了抗震救灾	1	2	3	4	5	是观光游览的地方	1	2	3	4	5
是缅怀逝者的地方	1	2	3	4	5	北川老县城对我来说非常重要	1	2	3	4	5
是寄托哀思的地方	1	2	3	4	5	我对北川老县城有着深厚感情	1	2	3	4	5

是怀念故土的地方	1 2 3 4 5	我的根在北川老县城	1 2 3 4 5
是恐惧的地方	1 2 3 4 5	北川老县城是我精神的寄托	1 2 3 4 5
是不吉利的地方	1 2 3 4 5	北川老县城对我来说独一无二	1 2 3 4 5

四、地方保护与重访意愿？(1＝完全不同意;2＝不同意;3＝不清楚;4＝同意;5＝非常同意)

希望地震遗址得到保护	1 2 3 4 5	我会经常回来	1 2 3 4 5
愿意积极参加地震遗址保护	1 2 3 4 5	我会带亲朋来	1 2 3 4 5
愿意为地震遗址保护出钱	1 2 3 4 5	我会推荐给别人	1 2 3 4 5

五、请根据您的实际情况,打"√"选择,或者填写

1.您的性别:

①男　②女

2.您的年龄:_____岁

3.您的文化程度:

①小学及以下　②初中　③高中(中专)　④大专/本科及以上

4.您曾在北川老县城(曲山镇)生活吗? 如是,居住多长时间:

①5 年及以下　②5～10 年　③10～20 年　④20～30 年　⑤30 年以上

5.在"5·12"地震中您是否有亲人、朋友伤亡?

①有　②没有

6.在"5·12"地震中您是否有身体创伤?

①有　②没有

7.在"5·12"地震中您是否有财产损失:

①没有　②极少　③一般　④较多　⑤严重

游客结构化调查问卷

一、北川老县城让您回忆和联想起哪些？（1＝完全不记得；2＝不记得；3＝不清楚；4＝记得；5＝记忆深刻）

地震地动山摇的情景	1　2　3　4　5	抢险救灾救死扶伤	1　2　3　4　5
地震建筑坍塌的惨状	1　2　3　4　5	来自全国各地的帮助支持	1　2　3　4　5
地震遇难和受伤的同胞	1　2　3　4　5	遗址保护和灾后重建	1　2　3　4　5

二、参观过程您感受有哪些？（1＝完全不同意；2＝不同意；3＝不清楚；4＝同意；5＝非常同意）

地震对当地造成重大经济损失	1　2　3　4　5	缅怀哀悼遇难同胞	1　2　3　4　5
地震对人民造成巨大身心创伤	1　2　3　4　5	感到"自然面前，人类渺小"	1　2　3　4　5
北川老县城让我感到震惊	1　2　3　4　5	感到"生命无常，珍爱生命"	1　2　3　4　5
北川老县城让我感到悲伤	1　2　3　4　5	感到"灾难无情，人间有情"	1　2　3　4　5
北川老县城让我感到惋惜	1　2　3　4　5		

三、您对北川老县城总体评价？（1＝完全不同意；2＝不同意；3＝不清楚；4＝同意；5＝非常同意）

再现了地震灾害	1　2　3　4　5	是休闲旅游的地方	1　2　3　4　5
展示了抗震救灾	1　2　3　4　5	是观光游览的地方	1　2　3　4　5
是缅怀逝者的地方	1　2　3　4　5	具有高度象征意义	1　2　3　4　5
是寄托哀思的地方	1　2　3　4　5	给人许多教育启迪	1　2　3　4　5
是怀念故土的地方	1　2　3　4　5	带来许多情感触动	1　2　3　4　5

是恐惧的地方	1 2 3 4 5	是独一无二的	1 2 3 4 5
是不吉利的地方	1 2 3 4 5		
您对地震遗址的其他评价：			

四、地方保护与重访意愿？（1＝完全不同意；2＝不同意；3＝不清楚；4＝同意；5＝非常同意）

希望地震遗址得到保护	1 2 3 4 5	愿意再来	1 2 3 4 5
愿意积极参加地震遗址保护	1 2 3 4 5	会带亲朋来	1 2 3 4 5
愿意为地震遗址保护出钱	1 2 3 4 5	会推荐给别人	1 2 3 4 5

五、请根据您的实际情况，打"√"选择，或者填写

1. 您的性别：

①男 ②女

2. 您的年龄：_____岁

3. 您来自_____省（区、市）_____市，这是您第_____次来北川旅游。

4. 您的文化程度：

①小学及以下 ②初中 ③高中和中专 ④大专/本科 ⑤研究生

5. 您是否亲身经历"5·12"地震？

①有 ②没有

6. 在"5·12"地震中您是否有财产损失？

①没有 ②极少 ③一般 ④较多 ⑤严重

居民开放式调查问卷与访谈参与者样本特征

北川居民开放式问卷调查参与者人口统计学特征及受灾程度($N=191$)

项目		样本(%)
性别	男	84(44.0%)
	女	107(56.0%)
年龄	20 岁以下	5(2.6%)
	20—39 岁	90(47.1%)
	40—59 岁	81(42.4%)
	60 岁及以上	15(7.9%)
文化程度	小学及以下	40(20.9%)
	初中	83(43.5%)
	高中(中专)	46(24.1%)
	大专及以上	22(11.5%)
居住年限	≤5	49(25.6%)
	6~9	7(3.7%)
	10~19	37(19.4%)
	20~29	24(12.6%)
	≥30	74(38.7%)
经历地震	有	173(90.6%)
	无	18(9.4%)
亲朋伤亡	有	126(66.0%)
	无	65(34.0%)

续表

项目		样本(%)
	没有	8(4.2%)
	极少	10(5.2%)
财产损失	一般	20(10.5%)
	较多	30(15.7%)
	严重	123(64.4%)

北川居民访谈参与者基本信息及受灾程度($N=21$)

编号	性别	年龄	文化程度	居住年限	职业	有无直系亲属遇难/财产损失
R1	男	30 岁	大专	3 年	遗址管理员	有/严重
R2	男	52 岁	小学	40 余年	任家坪务农	无/较多
R3	女	48 岁	小学	40 余年	任家坪务农	有/严重
R4	男	38 岁	高中	30 余年	餐馆老板	有/严重
R5	女	50 岁	初中	40 余年	邓家村务农	有/严重
R6	男	55 岁	小学	40 余年	邓家村务农	有/严重
R7	男	49 岁	小学	30 余年	邓家村务农	有/严重
R8	男	49 岁	小学	40 余年	海光村务农	有/严重
R9	男	59 岁	高中	50 余年	土建工作	有/严重
R10	男	36 岁	初中	30 年	油坊沟村务农	有/严重
R11	女	44 岁	初中	10 余年	邓家村务农	有/严重
R12	男	67 岁	高中	40 余年	北川茶厂退休	有/严重
R13	女	25 岁	大专	10 余年	商店经营者	有/严重
R14	男	74 岁	初中	30 余年	海光村退休书记	有/严重
R15	男	36 岁	高中	30 年	商店经营者	有/严重
R16	男	64 岁	小学	30 余年	餐馆老板	有/严重
R17	男	57 岁	高中	30 余年	北川客运站退休	有/严重
R18	男	65 岁	高中	50 余年	北川林业局退休	有/严重

续表

编号	性别	年龄	文化程度	居住年限	职业	有无直系亲属遇难/财产损失
R19	男	56 岁	高中	50 年	北川农委	有/严重
R20	男	50 岁	高中	5 年	尔玛小区居民	无/较少
R21	男	60 岁	高中	50 余年	药店老板	有/严重

游客开放式调查问卷参与者样本特征

北川游客开放式问卷调查参与者人口统计学特征($N=165$)

项目		样本(%)
性别	男	86(52.1%)
	女	79(47.9%)
年龄	20 岁以下	3(1.8%)
	20—39 岁	108(65.5%)
	40—59 岁	46(27.9%)
	60 岁及以上	8(4.8%)
文化程度	小学及以下	4(2.4%)
	初中	16(9.7%)
	高中(中专)	50(30.3%)
	大专及以上	95(57.6%)
参观次数	1 次	113(68.5%)
	2 次及以上	52(31.5%)
客源地	省内	95(57.6%)
	省外	70(42.4%)
经历地震	有	86(52.1%)
	无	79(47.9%)